尚锦手工刺绣线钩编系列

钩针编织
昆虫世界

日本 E&G 创意 / 编著
蒋幼幼 / 译

中国纺织出版社有限公司

目录 Contents

有蛹期（完全变态发育）的昆虫

鞘翅目

鳞翅目

膜翅目

直翅目

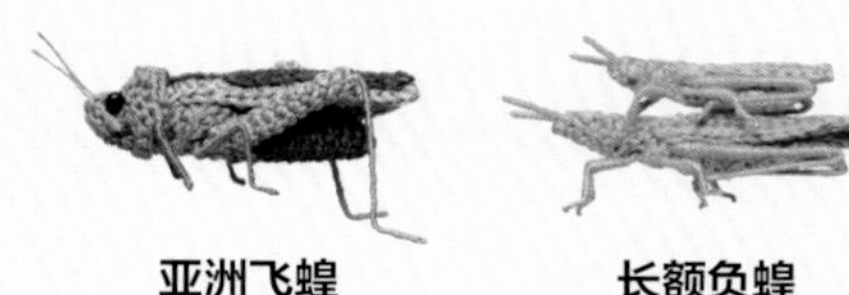

亚洲飞蝗
p.12 / p.44

长额负蝗
p.13 / p.43

半翅目

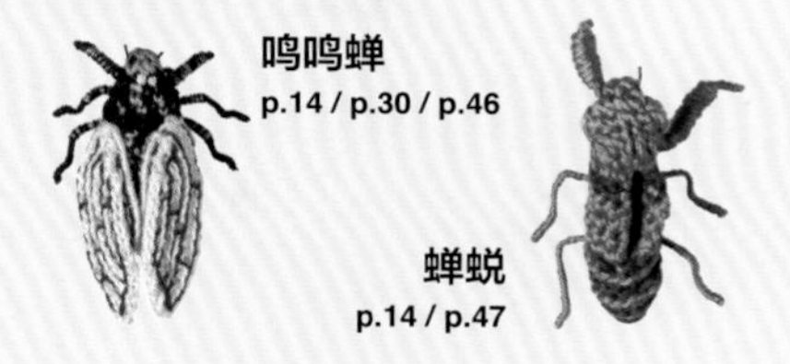

鸣鸣蝉
p.14 / p.30 / p.46

蝉蜕
p.14 / p.47

蜻蜓目

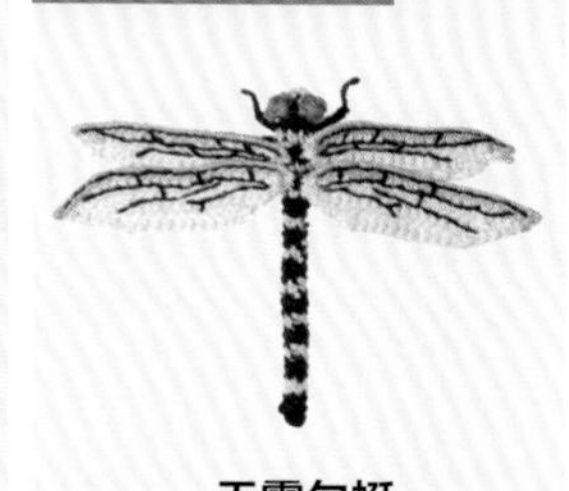

无霸勾蜓
p.15 / p.48

螳螂目

大刀螳螂
p.20 / p.55

兰花螳螂
p.21 / p.30 / p.56

䗛目

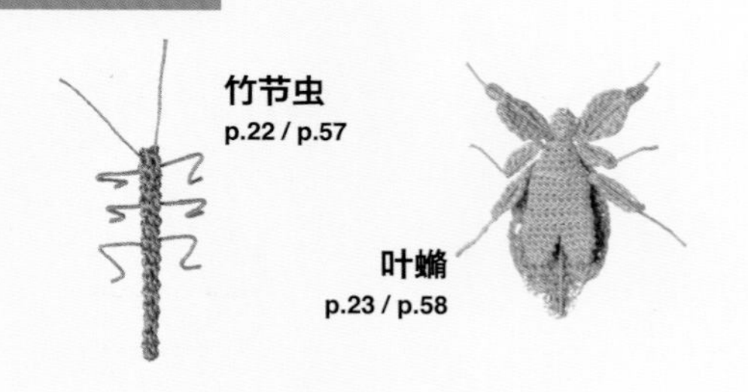

竹节虫
p.22 / p.57

叶䗛
p.23 / p.58

◉ 昆虫介绍部分的阅读方法

① 昆虫的名称
常用名称、所属科名。

② 体长
该昆虫的大致长度。

③ 分布
主要分布地区。

④ 特征
描述了该昆虫的特征。

鞘翅目

① **独角仙**
金龟子科

② 体长 ▶雌性 30~52mm，雄性 50~80mm（包括犄角）
③ 分布 ▶中国东部、朝鲜、日本、泰国等地
④ 特征 ▶也被称为“昆虫之王”，是最受欢迎的昆虫。雄性的头部长有非常发达的大犄角。

◉ 昆虫的身体构造

昆虫没有像人类一样的骨骼，它们的身体表面逐渐变硬，包裹住内侧的肌肉。这层外衣就叫作“外骨骼”。

身体　分为头、胸、腹 3 个部分。

腿部　共有 6 条腿，全部长在胸部。
※ 本书作品考虑到平衡性，有些昆虫的腿安装在了头部和腹部。

翅膀　共有 2 对翅膀。
※ 本书有的作品只介绍了前翅。

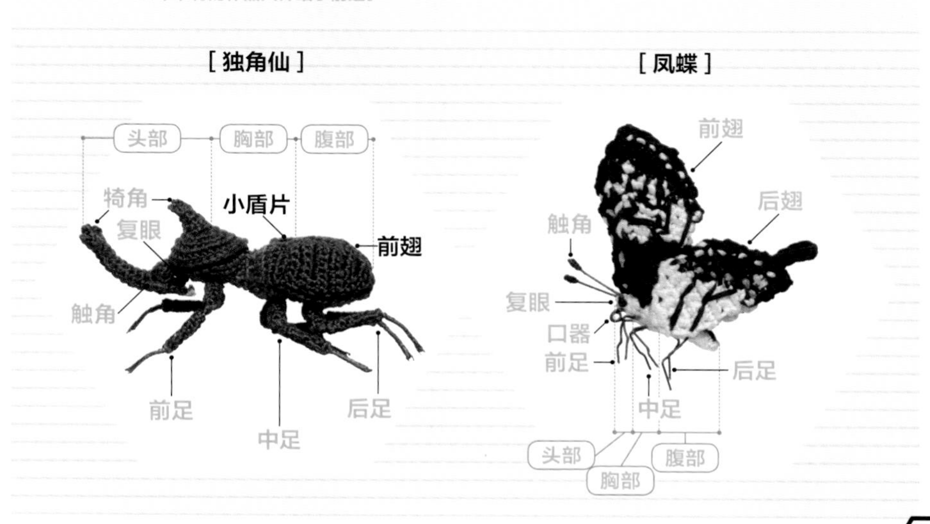
[独角仙]
头部
胸部
腹部
犄角
复眼
小盾片
前翅
触角
前足
中足
后足
[凤蝶]
前翅
后翅
触角
复眼
口器
前足
中足
后足
头部
胸部
腹部

鞘翅目

独角仙

金龟子科

体长▶雌性 30~52mm，雄性 50~80mm (包括犄角)

分布▶中国东部、朝鲜、日本、泰国等地

特征▶也被称为“昆虫之王”，是最受欢迎的昆虫。雄性的头部长有非常发达的大犄角。

设计 & 制作 | tangent 制作方法 | p.32,33

日本锯锹

锹甲科

体长▶雌性 25~42mm，雄性 26~75mm（包括大颚）

分布▶日本和韩国

特征▶广泛分布在日本的代表性昆虫。雄性的大颚内侧长有许多锯齿状的齿突。

设计｜冈本启子　制作｜fumifumi　制作方法｜p.31

鞘翅目

奄美锯锹

锹甲科

体长▶雌性 25~47mm，雄性 27~77mm（包括大颚）

分布▶日本北海道 ~ 九州

特征▶日本最大的一种锹甲。特点是粗壮的大颚和宽大的体型。

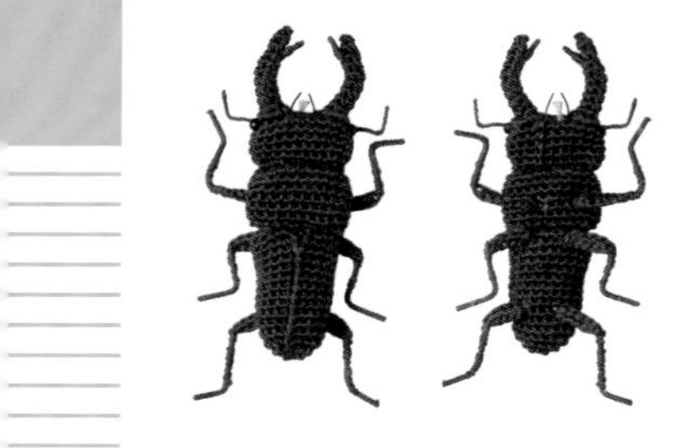

设计 | 冈本启子　制作 | fumifumi　制作方法 | p.34,35　重点教程 | p.27

长戟大兜虫

犀金龟科

体长▶雌性 48~77mm，雄性 57~176mm（包括犄角）

分布▶中美 ~ 南美

特征▶全世界最大的犀金龟。种名（Hercules）源于希腊神话的英雄赫拉克勒斯。最大的个体全长超过 180mm。

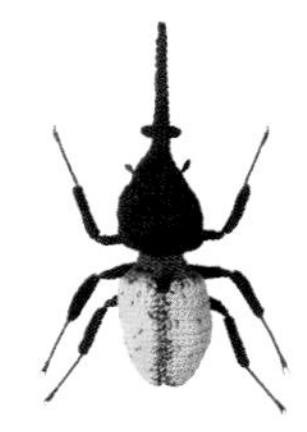

设计 & 制作｜tangent　制作方法｜p.36,37,60　重点教程｜p.28,29

鞘翅目

金龟子

金龟子科

体长▶ 17~24mm

分布▶世界性分布

特征▶背面有很强的金属光泽，身体呈椭圆形。以樱花等阔叶树的叶子为食。

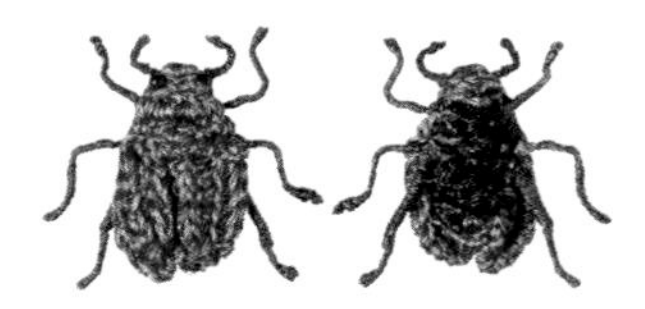

鞘翅目

桃金吉丁虫

吉丁虫科

体长▶ 25~40mm

分布▶我国的福建、江西、湖南、广东、广西及日本的本州、四国、九州、西南诸岛(冲绳岛以北)

特征▶身体呈细长的米粒形，通体散发着绿色的金属光泽。背部有红绿相间的竖条纹，宛如彩虹一般。

设计 | 冈本启子　制作 | 广川笑子　制作方法 | p.38（金龟子）p.39（桃金吉丁虫）

源氏萤

萤科

体长▶ 10~16mm

分布▶日本本州、四国、九州

特征▶栖息在干净的溪流中。成虫会发光，它们的卵、幼虫、蛹也会发光。

设计｜冈本启子　制作｜megu　制作方法｜p.40

鞘翅目

星天牛

天牛科

体长▶25~35mm

分布▶中国、日本及韩国

特征▶暗黑色的身体上布满白色芝麻一样的斑点，是一种很常见的天牛。

鞘翅目

琉璃星天牛

天牛科

体长▶18~29mm

分布▶日本北海道～九州

特征▶拥有鲜蓝色的身体，是一种很漂亮的天牛。特点是前翅上有3块黑色斑纹。

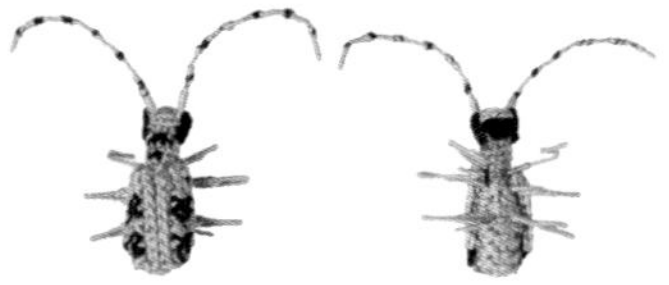

设计｜冈本启子　制作｜megu　制作方法｜p.41

七星瓢虫

瓢虫科

体长▶ 5~8.6mm

分布▶非洲、欧洲、亚洲

特征▶富有光泽的漂亮翅膀上有7个黑色的斑点。翅膀以红色的居多，也有橘黄色的。

异色瓢虫

瓢虫科

体长▶ 4.7~8.2mm

分布▶中国、俄罗斯、西伯利亚地区、朝鲜、蒙古和日本等国家

特征▶头部侧面有奶白色的大块斑纹。翅膀的颜色和斑纹的数量丰富多样。

设计 & 制作 | 松本薰　制作方法 | p.42

亚洲飞蝗

飞蝗科

体长▶雌性 50~60mm，雄性 40~50mm

分布▶亚洲

特征▶特点是挺直的背脊、粗壮的大腿、花纹斑驳的翅膀和大大的眼睛。以禾本科植物的叶片为食。

设计｜冈本启子　**制作**｜广川笑子　**制作方法**｜ p.44,45

长额负蝗

锥头蝗科

体长▶雌性 40~42mm，雄性 20~25mm

分布▶中国、日本及朝鲜

特征▶雄性伏在雌性背上。头部向前突出，顶端附近长有触角和复眼。

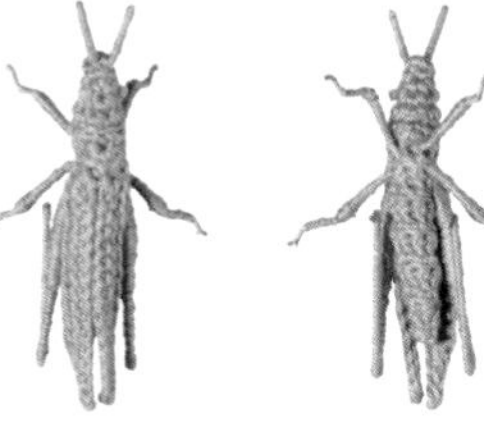

直翅目

鸣鸣蝉

蝉科

体长▶ 57~64mm
分布▶中国、日本、朝鲜、俄罗斯
特征▶因其“鸣～鸣～”的叫声为大家所熟知。主体呈黑色，有水蓝色和绿色斑纹，体色比较鲜艳。

蝉蜕

设计 & 制作｜镰田惠美子　制作方法｜p.46（鸣鸣蝉）p.47（蝉蜕）　重点教程｜p.30（鸣鸣蝉）

无霸勾蜓

大蜓科

体长▶约 100mm
分布▶亚洲地区
特征▶大型蜻蜓，有两只左右相连的绿色大复眼。最大的特点是身体上黑黄相间的斑纹。

设计 & 制作 | 镰田惠美子 制作方法 | p.48

鳞翅目

菜粉蝶

粉蝶科

体长▶ 20~30mm
分布▶ 美国北部～印度北部，中国、日本
特征▶ 翅膀呈白色或浅黄色，有2~3个黑色斑纹。卷心菜地里经常可以看到它们的身影。

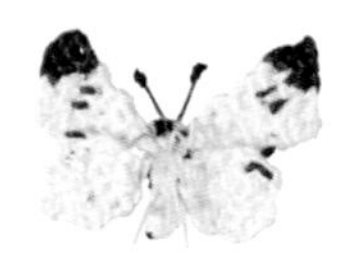
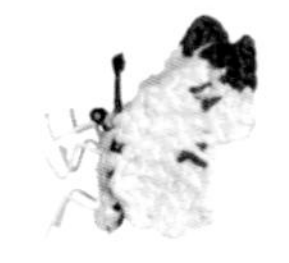

鳞翅目

斑缘豆粉蝶

粉蝶科

体长▶ 22~33mm
分布▶ 奥地利、希腊、罗马尼亚、俄罗斯、朝鲜、韩国、中国等
特征▶ 翅膀呈黄色，中间的小圆斑很是特别。常见于草原等植物丰富的地方。

鳞翅目

凤蝶幼虫

凤蝶科

体长▶ 45mm
分布▶ 除南极洲极北极以外的世界各地
特征▶ 眼状斑纹是一大特点。出现敌人受到惊吓时，就会伸出臭角释放臭气。

设计 & 制作 | 大町真纪 **制作方法** | **p.49**（菜粉蝶、斑缘豆粉蝶）**p.50**（凤蝶幼虫）

凤蝶

凤蝶科

体长▶35~60mm

分布▶除南极洲及北极以外的世界各地

特征▶大型蝴蝶，名字源于其在空中翩翩飞舞的样子。

膜翅目

熊蜂

蜜蜂科

体长▶雌性蜂后 18~22mm，工蜂 10~18mm

分布▶世界性分布

特征▶胖乎乎的身体上覆盖着绒毛。

膜翅目

日本蜜蜂

蜜蜂科

体长▶雌性蜂后 15~17mm，工蜂 10~13mm

分布▶日本本州、四国、九州、西南诸岛

特征▶身体上的横条纹清晰可辨。1只工蜂一生中采集的花蜜大约有1小汤匙的量。

设计 & 制作｜河合真弓　**制作方法**｜ **p.52**（熊蜂）**p.53**（日本蜜蜂）　**重点教程**｜ **p.30**

日本弓背蚁

蚁科

体长▶雌性蚁后 17mm，工蚁 7~12mm

分布▶日本、中国、朝鲜、韩国、东南亚

特征▶日本最大的一种蚂蚁。它们会选择空地将巢筑在地下，在全日本都很常见。

设计 & 制作 | 河合真弓　制作方法 | p.54

蝗螂目

大刀螳螂

螳螂科

体长▶雌性 75~95mm，雄性 68~90mm

分布▶中国、日本、越南、泰国等地

特征▶头部呈三角形，复眼很大。雌性体型较大，前足形似镰刀。

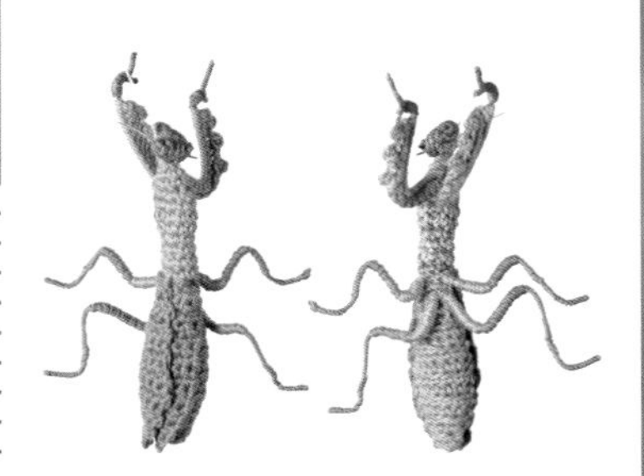

设计 & 制作｜镰田惠美子　制作方法｜p.55,60

兰花螳螂

花螳科

体长▶雌性约 70mm，雄性约 35mm
分布▶东南亚的热带雨林
特征▶模拟兰科植物的形态，捕食靠近花朵的昆虫。雌性与雄性的体型差异极大，是非常珍贵的螳螂。

设计 & 制作 | 镰田惠美子 **制作方法** | **p.56,57** **重点教程** | **p.30**

竹节虫

竹节虫科

体长▶雌性 82~112mm，雄性 65~82mm

分布▶热带、亚热带地区

特征▶身体细长如棒状。虽然拟态本领高超，却完全没有攻击能力。体色为绿色或茶色。

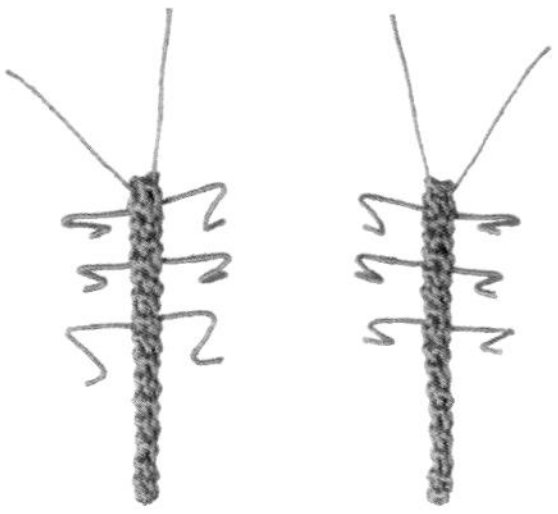

设计｜冈本启子　**制作**｜广川笑子　**制作方法**｜ p.57

叶䗛

叶䗛科

体长▶ 68~80mm
分布▶亚洲的热带丛林
特征▶拟态昆虫，翅膀犹如树叶，可以看到叶脉状的纹路。还有黄色和茶色的叶䗛。

设计｜冈本启子　制作｜广川笑子　制作方法｜p.58,59

刺绣线的介绍

以下为本书使用的DMC刺绣线的色样。

▶25号刺绣线

3713	894	23	778	3743	3840	159	828	964	955	14	10
761	893	3689	3727	3042	3839	160	3761	959	13	15	11
760	892	3688	316	3041	3838	161	519	958	954	16	12
3712	891	3687	3726	3740	800	3756	518	3812	913	704	165
3328	818	3803	315	27	809	775	3760	3851	912	703	381
347	957	3685	3802	28	799	3841	517	943	911	702	166
353	956	605	902	29	798	3325	3842	3850	910	701	581
352	3708	604	3836	3747	797	3755	311	993	909	700	580
351	3706	603	3835	341	796	334	747	992	3818	699	523
350	3705	602	3834	156	820	322	3766	3814	369	907	305
349	963	601	154	340	162	312	807	991	368	906	305
817	3716	600	24	155	827	803	3765	966	320	905	305
304	962	3806	25	3746	813	336	3811	564	367	904	524
3833	961	3805	26	333	826	823	598	563	319	472	522
3832	309	3804	211	30	825	939	597	562	890	471	520
3831	819	3609	210	31	824	3753	3810	505	164	470	734
777	3326	3608	209	32	996	3752	3809	3817	989	469	733
3801	899	3607	208	157	3843	932	3808	3816	988	937	732
666	335	718	3837	794	995	931	928	163	987	936	730
321	326	917	327	793	3846	930	927	3815	986	935	301
498	151	915	153	3807	3845	3750	926	561	772	934	301
816	3354	33	554	792	3844		3768	3813	3348	3364	301
815	3733	34	553	158			924	503	3347	3363	372
814	3731	35	552	791			3849	502	3346	3362	371
	3350		550				3848	501	3345		370
	150						3847	500	895		

25号刺绣线

棉100%　1支/8m　500色

（图片为实物粗细）

金属线（Light Effects）

涤纶100%　1支/8m　36色

（图片为实物粗细）

• 各线材自左向右表示为：材质→线长→颜色数。• 颜色数为截至 2022 年 5月的数据。• 因为印刷的关系，可能存在些许色差。

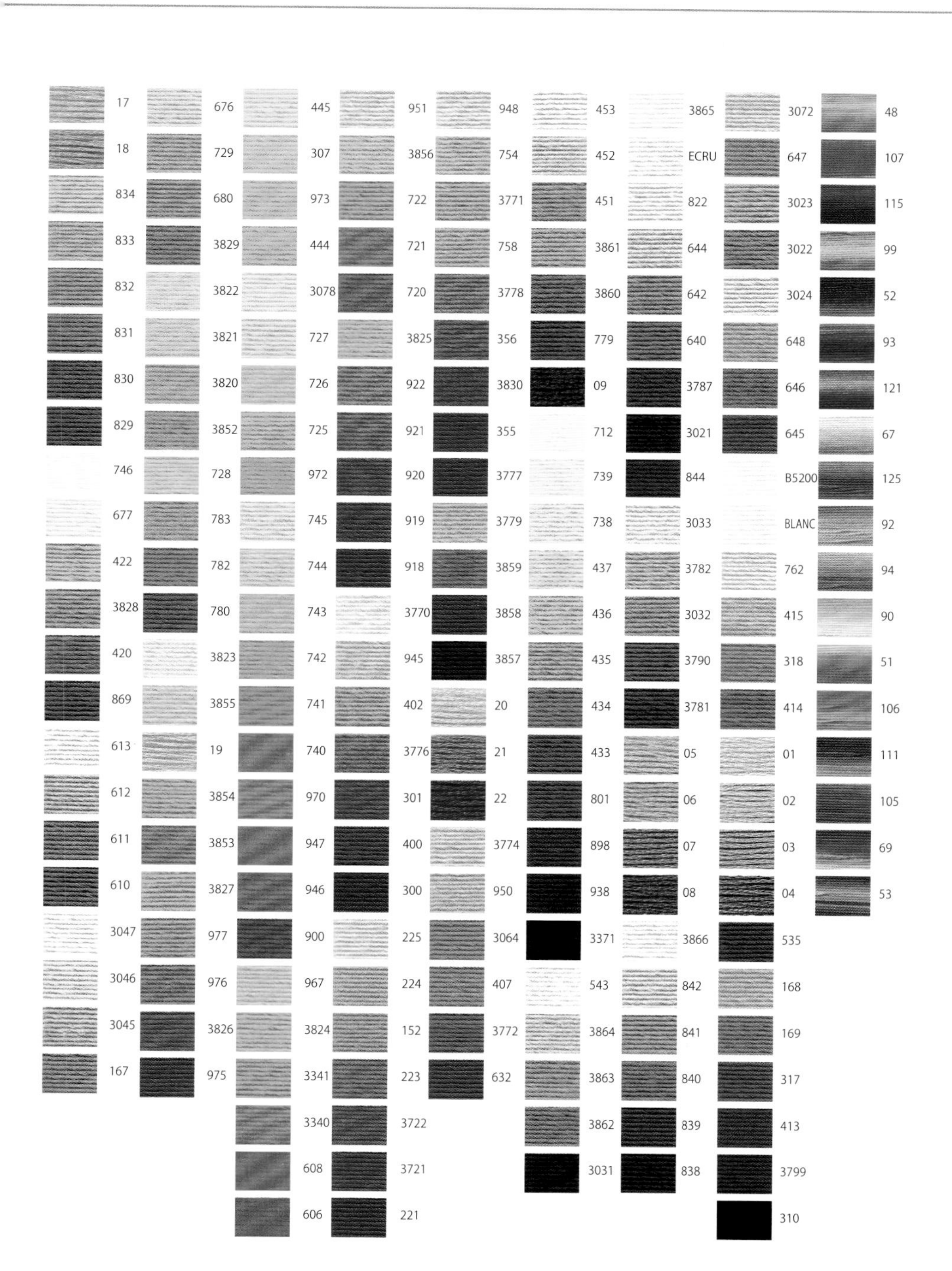

17 18 834 833 832 831 830 829 746 677 422 3828 420 869 613 612 611 610 3047 3046 3045 167
676 729 680 3829 3822 3821 3820 3852 728 783 782 780 3823 3855 19 3854 3853 3827 977 976 3826 975
445 307 973 444 3078 727 726 725 972 745 744 743 742 741 740 970 947 946 900 967 3824 3341 3340 608 606
951 3856 722 721 720 3825 922 921 920 919 918 3770 945 402 3776 301 400 300 225 224 152 223 3722 3721 221
948 754 3771 758 3778 356 3830 355 3777 3779 3859 3858 3857 20 21 22 3774 950 3064 407 3772 632
453 452 451 3861 3860 779 09 712 739 738 437 436 435 434 433 801 898 938 3371 543 3864 3863 3862 3031
3865 ECRU 822 644 642 640 3787 3021 844 3033 3782 3032 3790 3781 05 06 07 08 3866 842 841 840 839 838
3072 647 3023 3022 3024 648 646 645 B5200 BLANC 762 415 318 414 01 02 03 04 535 168 169 317 413 3799 310
48 107 115 99 52 93 121 67 125 92 94 90 51 106 111 105 69 53

▶**金属线**

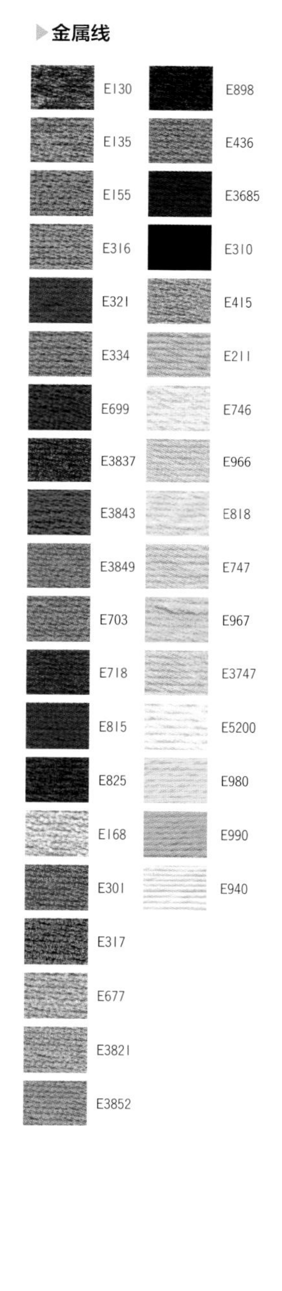

E130 E135 E155 E316 E321 E334 E699 E3837 E3843 E3849 E703 E718 E815 E825 E168 E301 E317 E677 E3821 E3852
E898 E436 E3685 E310 E415 E211 E746 E966 E818 E747 E967 E3747 E5200 E980 E990 E940

▶刺绣线的使用方法

① 拉出线头。用手捏住左端的线圈慢慢地拉出线头，这样不易打结，可以很顺利地拉出来。标签上标有色号，方便补线时核对，用完之前请不要取下标签。

469

② 刺绣线是由6股细线合股而成。

③ 本书作品除指定以外均使用6股线直接钩织。

▶分股线的制作方法

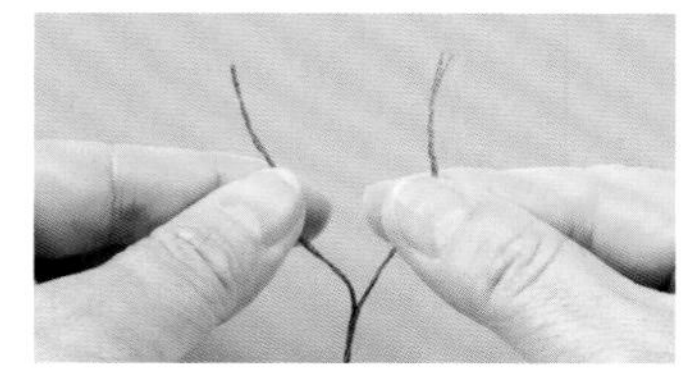

分股就是用缝针的针头等工具将合捻的1根线（6股）分成3股，常用于细节部位的处理。剪下30cm左右的线，退捻后比较容易分股。

▶刺绣线的合股方法

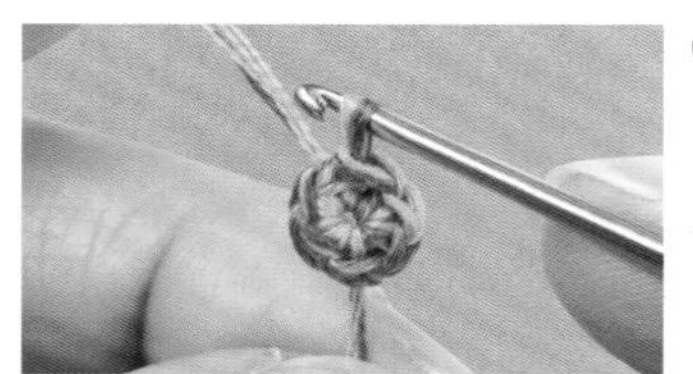

根据作品需要，将合捻的1根线剪下1~2m，按分股线的相同要领分成3股。准备好2种颜色的分股线，将2种颜色的3股线合成6股线钩织。

▶最后一行的组合方法

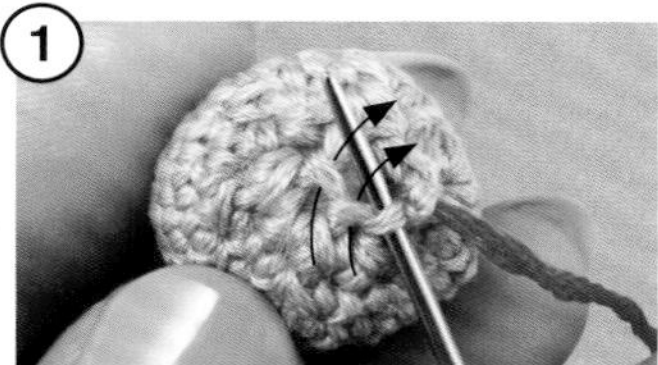

① 钩至最后一行后，塞入填充棉。将钩织终点的线头穿入缝针，在最后一行针脚的内侧半针里挑针。

② 在全部针脚里挑针后的状态。接着拉紧线头。

③ 用力拉紧后，将线头穿入织物内部，做好线头处理。

XXXXXXXXXXXXX ←
XXXXXXXXXXXXX

▶配色线的换线方法（横向渡线钩织的方法）

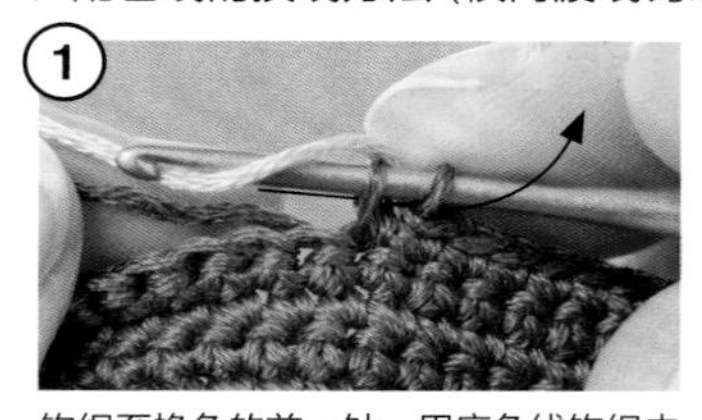

① 钩织至换色的前一针，用底色线钩织未完成的短针（参照 p.62），在针头挂上配色线引拔。

② 编织线就换成了配色线。如箭头所示，连同前一行的针脚和暂时不用的底色线一起挑针，包住渡线钩2针短针，接着钩1针未完成的短针。

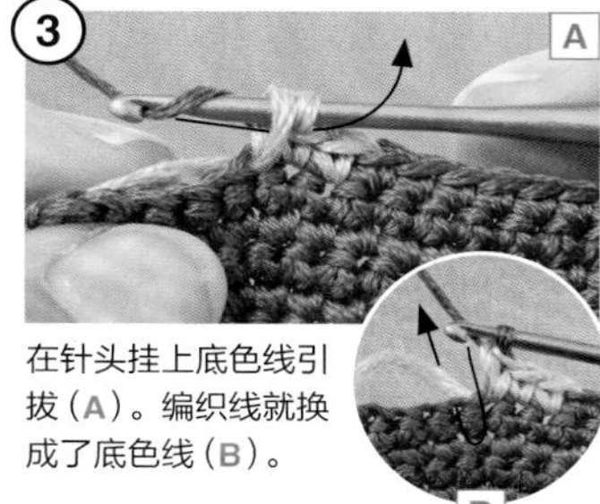
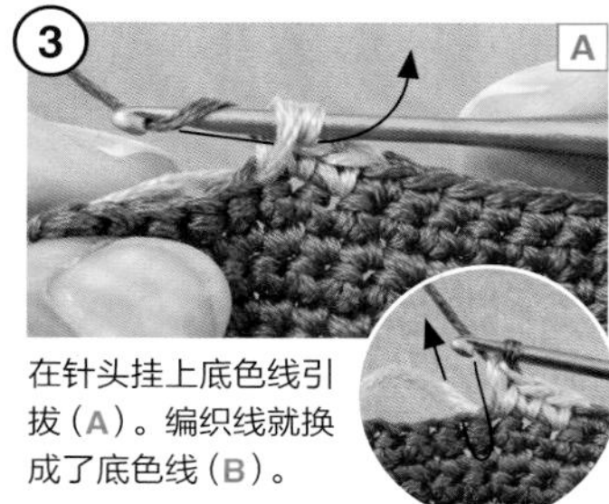
A
B

③ 在针头挂上底色线引拔（A）。编织线就换成了底色线（B）。

④ 参照步骤②、③，包住暂时不用的线继续钩织。

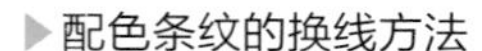

▶配色条纹的换线方法

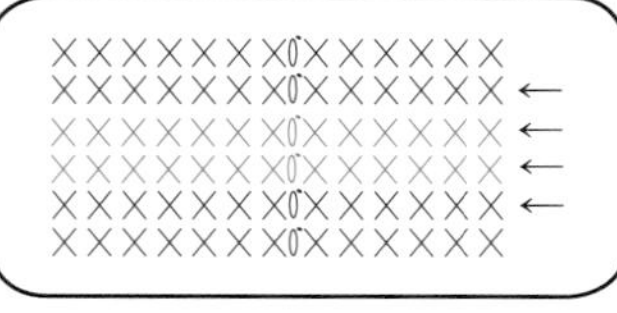

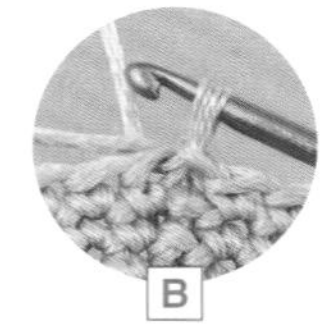
A
B

① 钩完换色前一行的最后一针后，在第1针里插入钩针，将底色线挂在针上暂停钩织，再在针头挂上配色线如箭头所示引拔（A）。编织线就换成了配色线（B）。

A
B

② 参照编织图用配色线钩织几行后，按步骤①相同要领，将配色线挂在针上暂停钩织，再在针头挂上底色线引拔（A）。编织线就换成了底色线（B）。

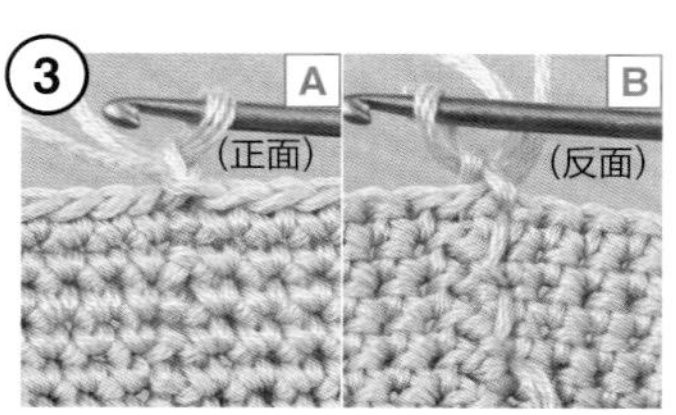
A
（正面）
B
（反面）

③ 参照步骤①、②继续钩织。B是从反面看到的状态。暂停钩织的线纵向往上提拉。

▶铁丝的绕线方法 ※ 此处以无霸勾蜓的前足为例进行说明

※ 为了便于理解，此处使用不同颜色的线进行说明

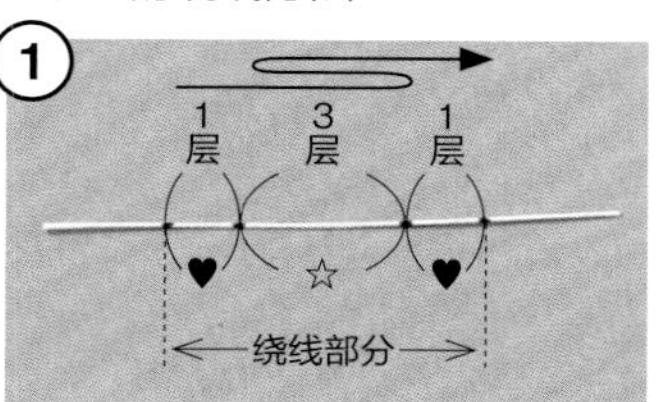

1
层
3
层
1
层
♥ ☆ ♥
绕线部分

①将铁丝剪至比指定长度稍微长一点。在绕线部分做上记号。如箭头所示绕线。

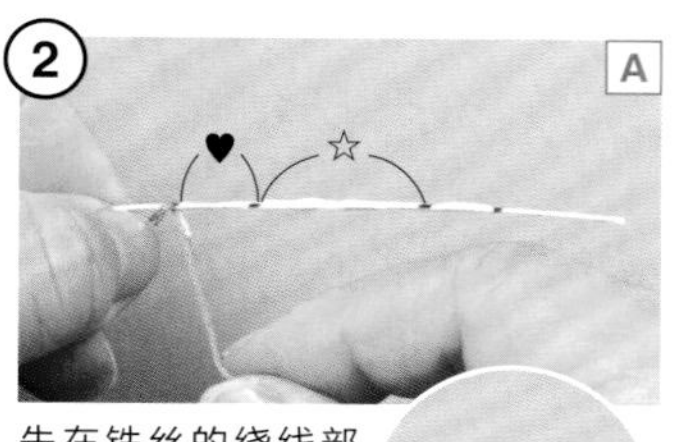

♥ ☆

②先在铁丝的绕线部分涂满胶水，将线头与铁丝并在一起，接着在♥和☆部分绕线（B）。

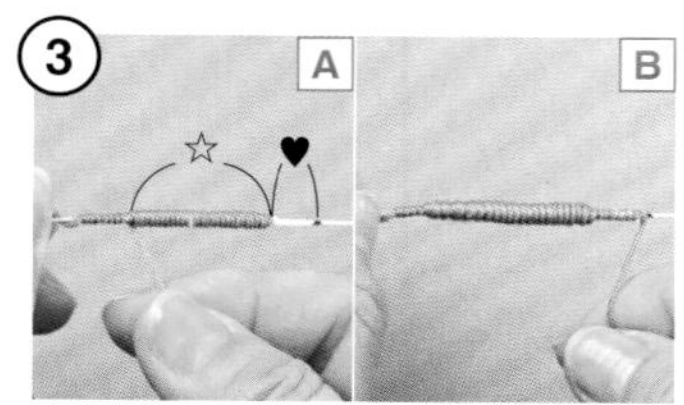

☆ ♥

③涂上少许胶水，在☆部分往回绕线（A），再一直绕线至另一侧的♥部分（B）。

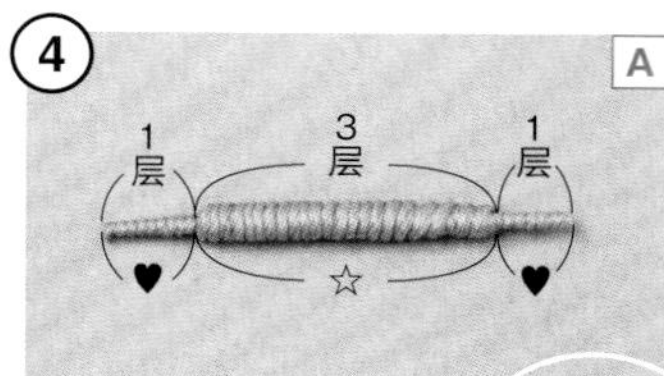

1
层
3
层
1
层
♥ ☆ ♥

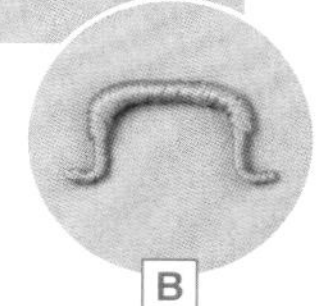

④剪掉多余的铁丝（A），用钳子等工具弯曲铁丝塑形。

▶包住铁丝钩织的方法（直接包住铁丝钩织短针的方法）

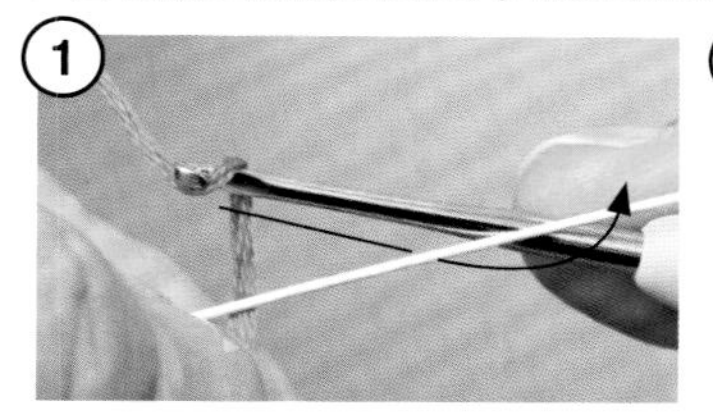

①从铁丝的下方插入钩针，在针头挂线，如箭头所示将线拉出。

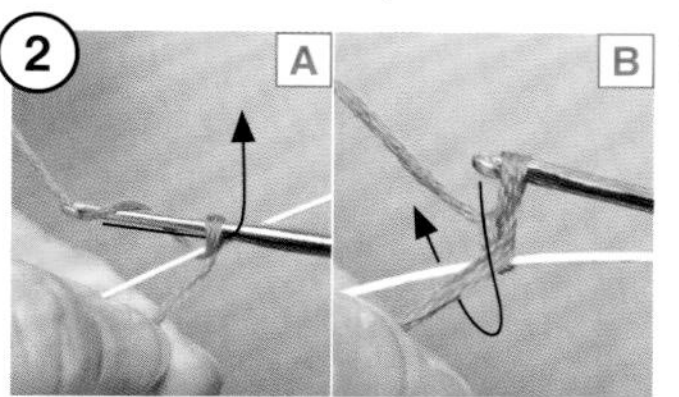

②再次在针头挂线，如箭头所示拉出（A）。B是拉出后的状态。

③从线头和铁丝的下方插入钩针，包住它们钩织短针。1针短针完成。

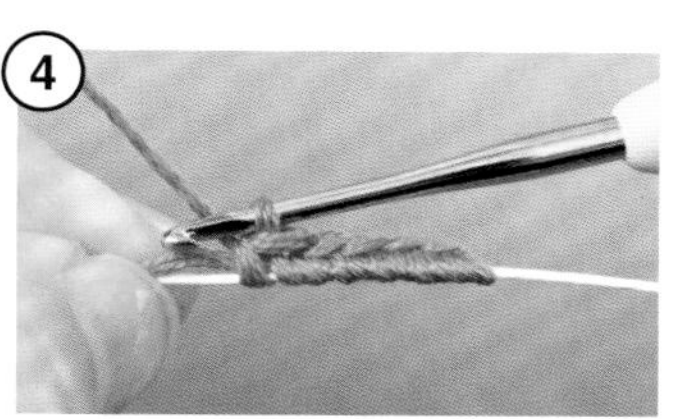

④按步骤③相同要领，包住线头和铁丝（线头变短后剪掉）继续钩织短针。

重点教程 Point Lesson 具体作品的制作方法

奄美锯锹 图片 | p.6 制作方法 | p.34,35

▶头部的起点钩织方法

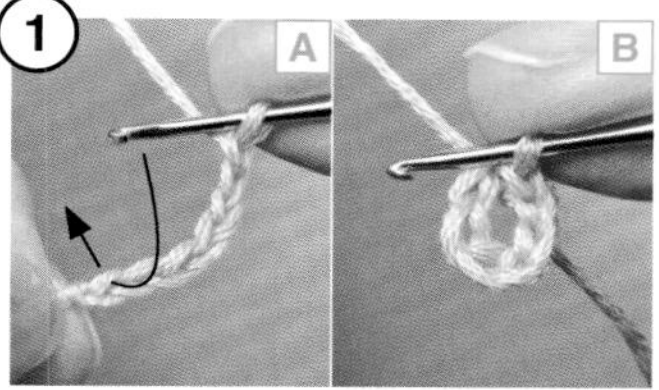

①钩7针锁针（A），在第1针里引拔，连接成环形（B）。

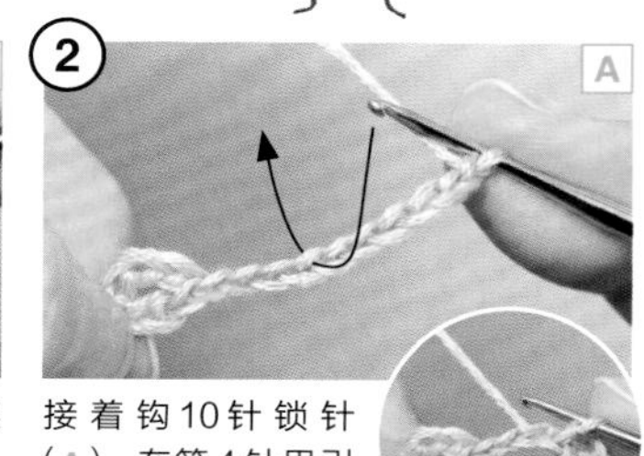

②接着钩10针锁针（A），在第4针里引拔（B）。两端就形成了线环。

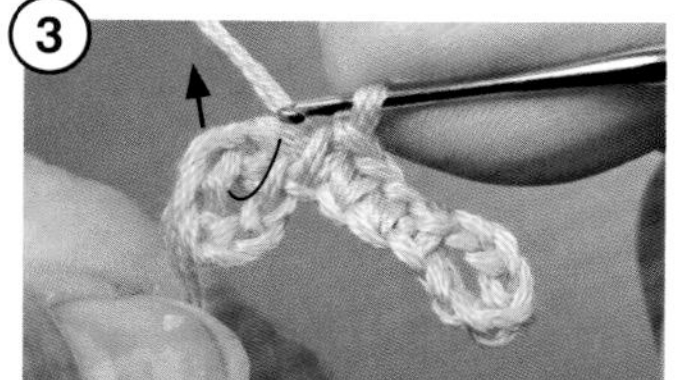

③在中间锁针部分的里山和外侧半针里挑针，钩3针短针。在锁针线环里插入钩针，成束挑针钩7针短针。

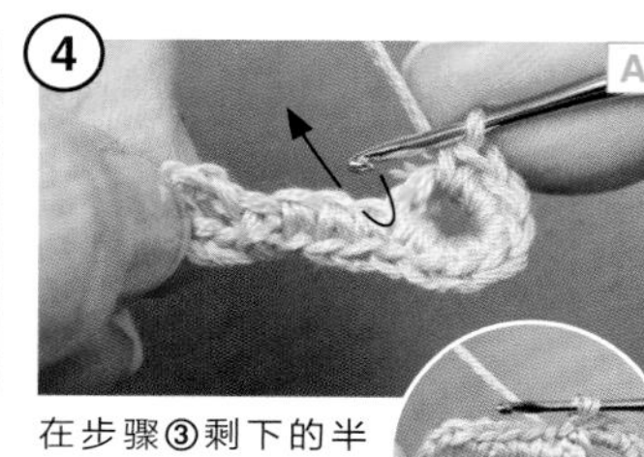

④在步骤③剩下的半针里挑针，钩3针短针（A）。按相同要领继续钩织，完成第1行（B）。

▶包住铁丝钩织的方法（锁针起针后包住铁丝钩织的方法）

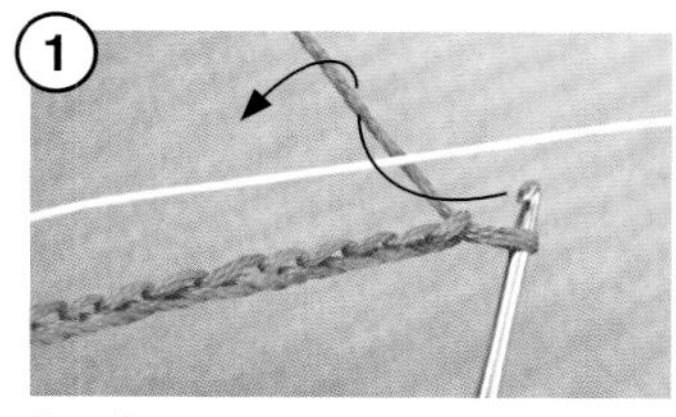

①钩织指定针数起针后，将铁丝放在线上，与起针链并在一起。从铁丝的上方在针头挂线。

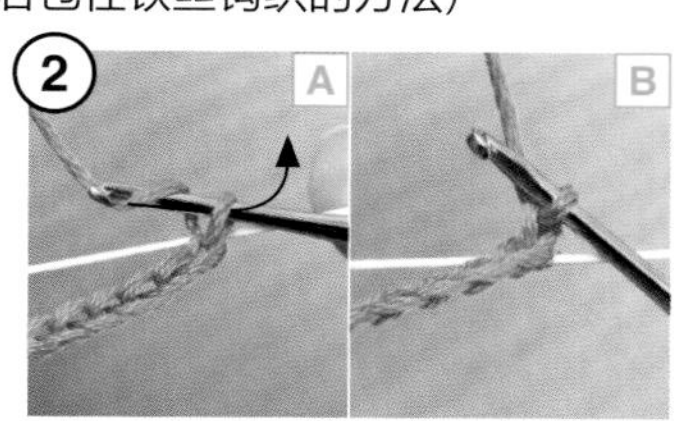

②将线拉出（A）。B是拉出后的状态。

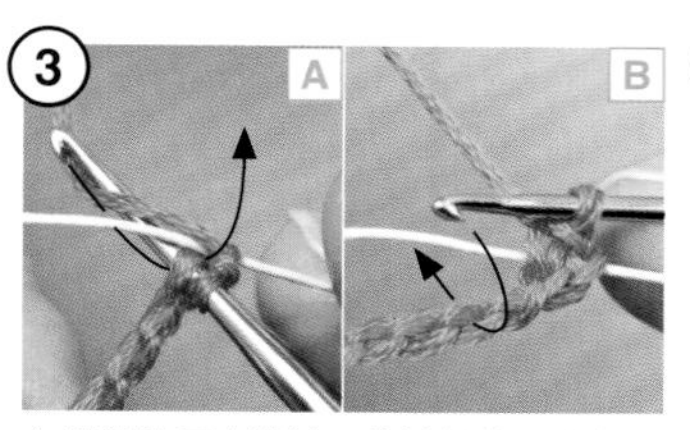

③在锁针的里山挑针，从铁丝的下方插入钩针将线拉出（A），钩织短针（B）。

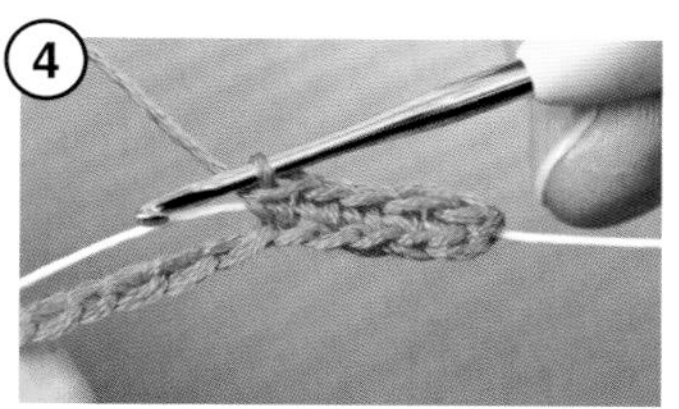

④按步骤③相同要领在锁针上挑针，包住铁丝继续钩织短针。

长戟大兜虫 图片 | p.7 制作方法 | p. 36,37,60

▶主体的组合方法

钩织腹部

① 参照编织图钩织腹部后，塞入填充棉。

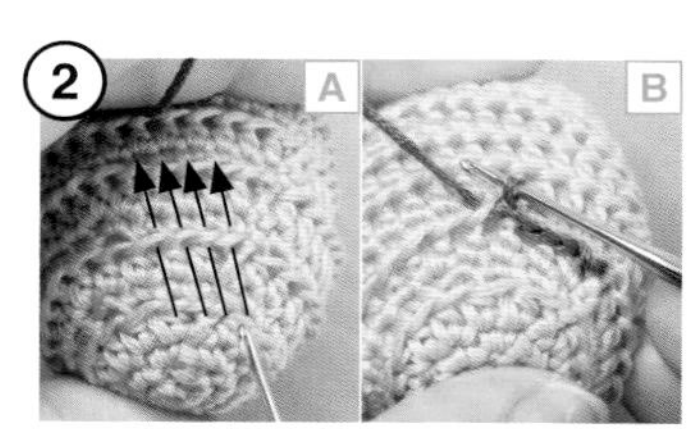
A
B

② 如箭头所示在指定位置剩下的半针里挑针（A），钩 1 圈引拔针（B）。

锁链缝

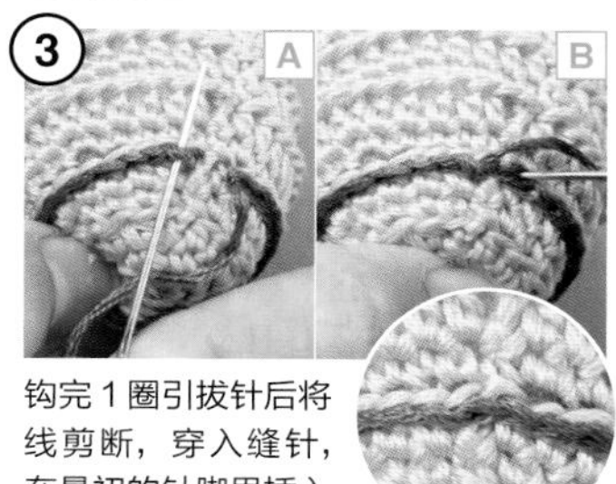
A
B
C

③ 钩完 1 圈引拔针后将线剪断，穿入缝针，在最初的针脚里插入缝针（A）。再在最后的针脚里插入缝针（B），拉动线，使针脚的大小一致（C）。

④ 按步骤②、③相同要领，在所有指定位置钩织引拔针。

在腹部挑针钩织小盾片

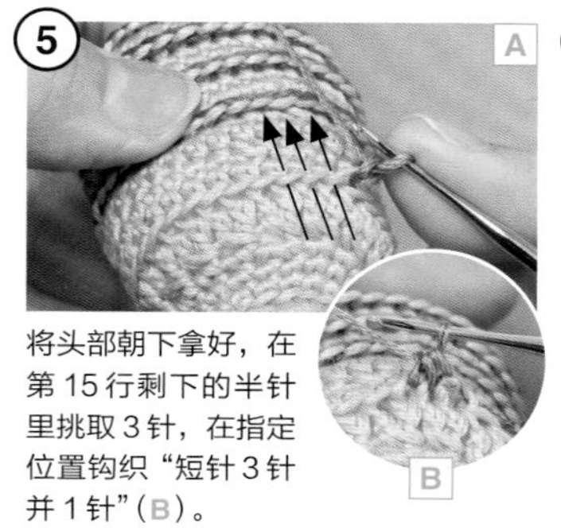
A
B

⑤ 将头部朝下拿好，在第 15 行剩下的半针里挑取 3 针，在指定位置钩织“短针 3 针并 1 针”（B）。

A
B

⑥ 翻转小盾片，往返钩 1 针短针（A）。小盾片就完成了（B）。将形状整理成倒三角形。

钩织前翅

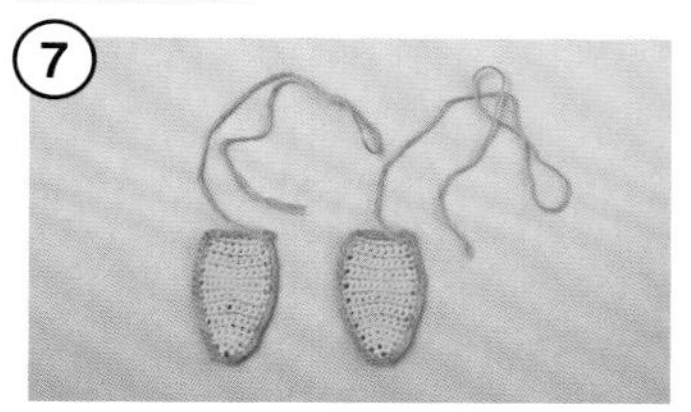

⑦ 参照编织图钩织 2 片前翅，留出长一点的线头用于缝合。缝合前，先在前翅上刺绣。

将前翅缝在腹部

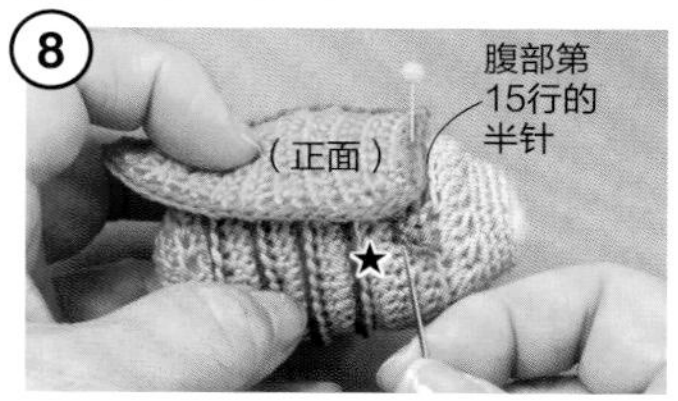
腹部第
15行的
半针
（正面）
★

⑧ 将前翅重叠在腹部，再用珠针将前翅与腹部第 15 行剩下的半针以及小盾片临时固定。将前翅的线头穿入缝针，从★位置开始逆时针缝合。

⑨ 在小盾片的边缘和前翅的针脚头部挑针做卷针缝合。

⑩ 在腹部第 15 行剩下的半针和前翅的针脚头部挑针做卷针缝合。

A
B

⑪ 侧边在前翅的反面挑针，用藏针缝的方法缝至臀侧。缝至臀侧后（B），将线剪断，做好线头处理。

（正面）
腹部第
15行的
半针

⑫ 将另一片前翅重叠在腹部，将前翅的线头穿入缝针。从腹部第 15 行剩下的半针开始逆时针缝合。

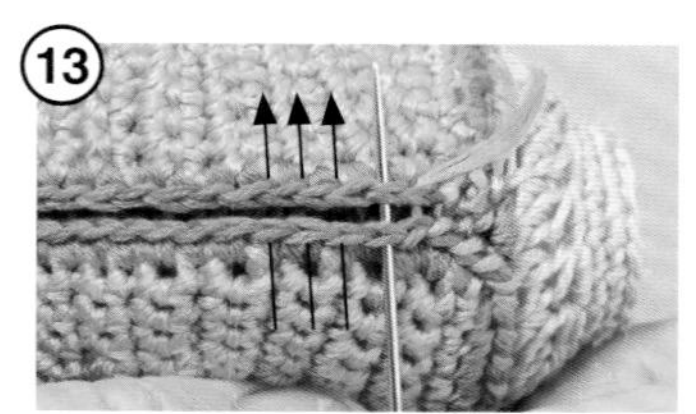

⑬ 按步骤⑨相同要领，卷针缝合前翅与小盾片。接着，对齐 2 片前翅，在针脚头部挑针做卷针缝合。

2针

⑭ 留出末端的 2 针不缝。

⑮ 侧边按步骤⑪相同要领从臀侧往头侧做藏针缝。缝至头侧后，将线剪断，做好线头处理。图片是将前翅缝在腹部后的状态。

⑯ 臀侧的前翅呈翘起的状态。

钩织胸角

17

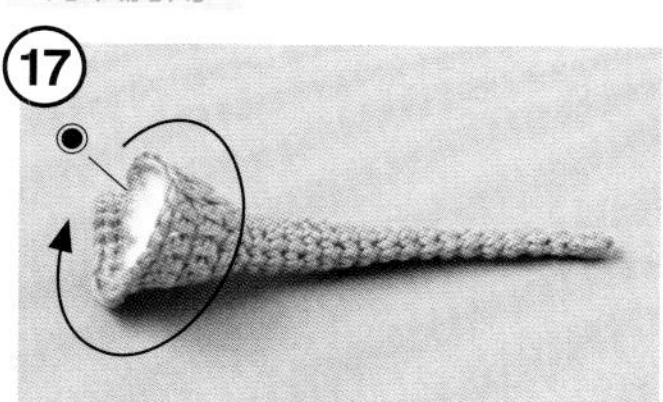

参照编织图钩织胸角后，塞入填充棉。接着从指定位置（◉）开始朝箭头所示方向挑针，钩织头胸部。

钩织头胸部

18

参照编织图，在指定位置（◉）接线，按“长针1针放2针”钩织至胸角第21行剩下半针的前面。

19

将胸角的第22行向前翻折，如箭头所示在剩下的半针里挑针钩织指定针法，然后在最初的针脚里引拔，连接成环形（B）。参照编织图，一边塞入填充棉一边钩织至最后一行。

钩织胸角上的突起

20

与腹部一样，在头胸部第26行剩下的半针里挑针钩1圈引拔针。钩织2片胸角上的突起，顶端朝下缝在2个指定位置。

钩织头角、头角上的突起

21

参照编织图，一边钩织头角一边塞入填充棉。接着钩织头角上的突起a、b，缝在指定位置。

在头角上系上流苏

22

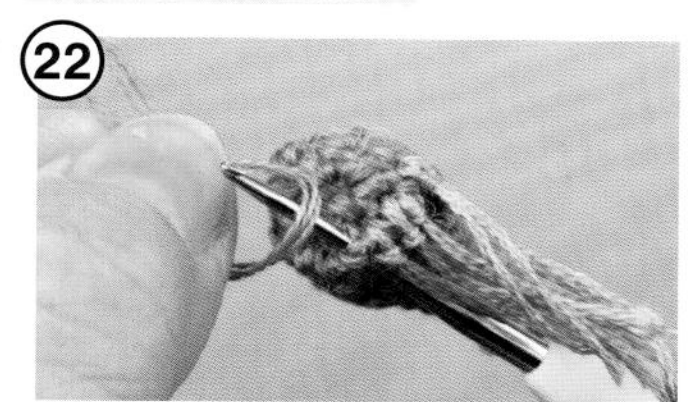

用分股线在头角上系上流苏。在头角的系流苏位置按行上挑针的要领插入钩针，将10cm左右的分股线对折后挂在针头，拉出线环。

23

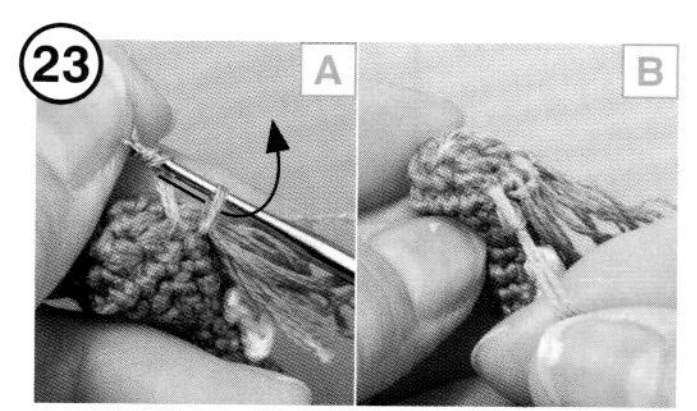

再次在针头挂线，将分股线全部拉出（A），将线拉紧（B）。

24

在流苏的根部涂上胶水定型，晾干后将线头修剪至0.2~0.3cm。

组合头角

25

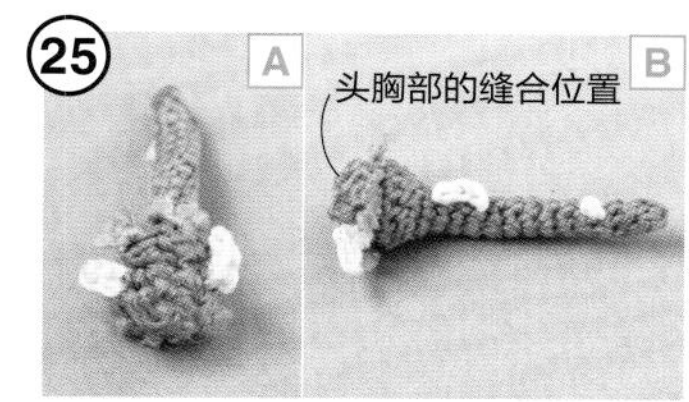
头胸部的缝合位置

钩织口器和口须，缝在头角下侧的指定位置。按头角相同要领在口器上系上流苏。系流苏的时候，在短针的头部插入钩针。

将头角缝在头胸部

26

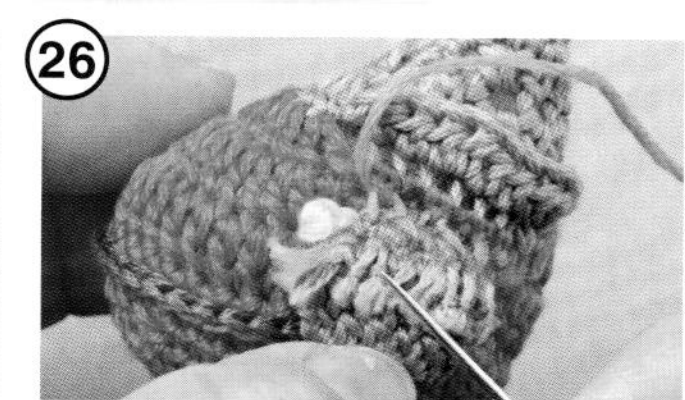

对准头角和头胸部的缝合位置，调整角度做藏针缝。

27

头胸部与头角缝合后的状态。胸角的第22行正好重叠在头角的流苏上方。

在胸角上系上流苏

28

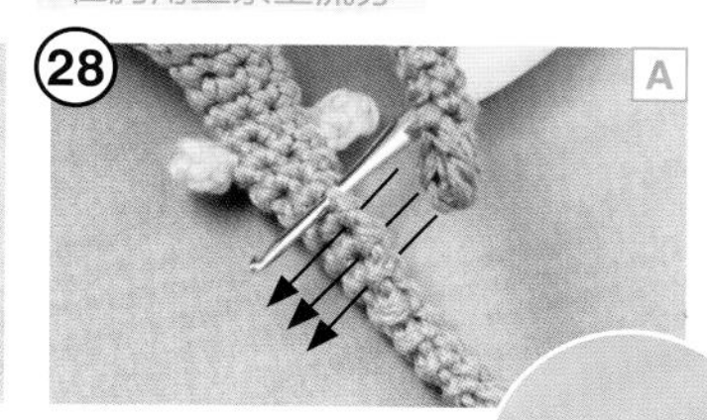

在胸角的系流苏位置如箭头所示挑针（A），按与头角相同要领系上流苏。在流苏的根部涂上胶水定型后修剪至0.5cm（B）。

将腹部缝在头胸部

29

将腹部缝在头胸部的指定位置。主体的各部分就组合完成了。将复眼和触角插入指定位置，接着制作腿部。

制作腿部

30

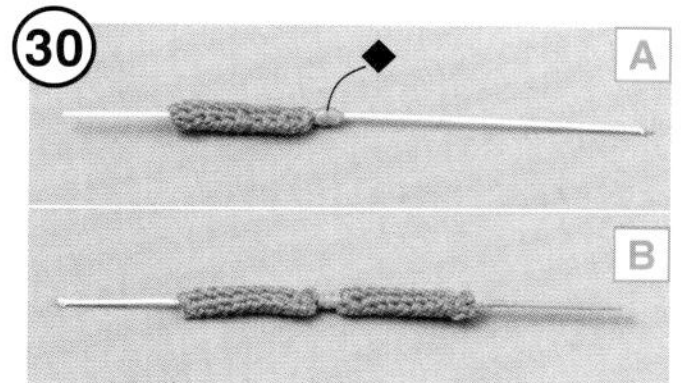

钩织12个腿部织片，全部缝成圆筒形。在剪成指定尺寸的铁丝上穿入腿部织片，仅在关节部分（◆）涂上胶水绕线（A）。再次穿入缝好的腿部织片，在剩下的部分绕线（B）。

在足尖粘贴爪子

31

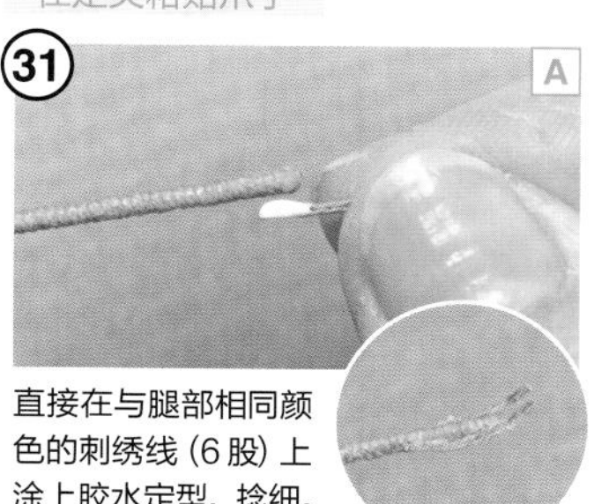

直接在与腿部相同颜色的刺绣线（6股）上涂上胶水定型，捻细。晾干后，剪至1cm。准备12根这样的短线头，用胶水在每个足尖粘贴2根，向外露出0.3cm。

32

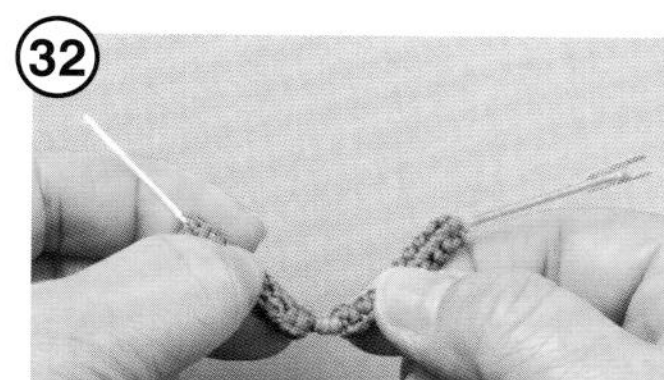

弯曲关节塑形。再将另一侧的铁丝对折后插入腹部的指定位置。

※ 为了便于理解，此处使用不同颜色的线进行说明

鸣鸣蝉 图片 | p.14 制作方法 | p. 46

▶翅膀的制作方法

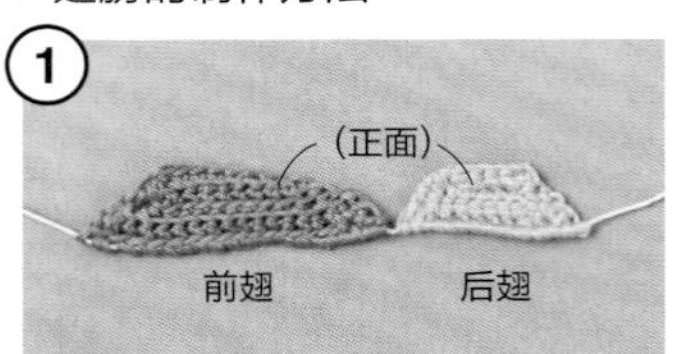

1
(正面)
前翅
后翅

准备 1 根长 20cm 左右的铁丝，在同一根铁丝上钩织前翅和后翅。

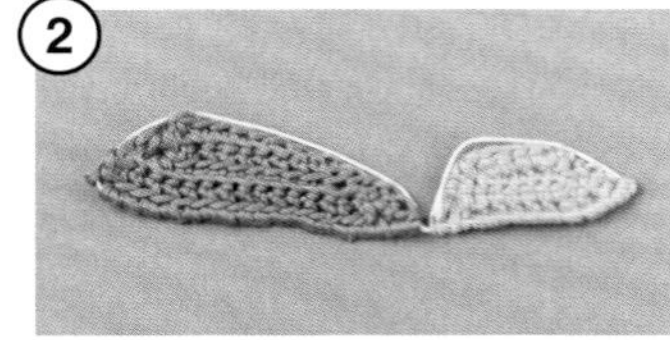

2

分别用两端露出的铁丝沿着前翅和后翅的周围弯折，剪掉多余的部分。

3

包住弯曲的铁丝，在织片的周围做卷针缝。

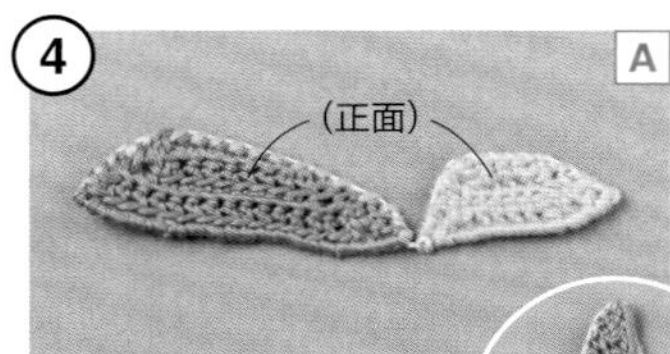

4
A
(正面)
(正面)
(反面)
B

前翅和后翅做卷针缝后的状态（A）。将前翅与后翅正面朝外对折（B）。在前翅的正面和后翅的反面刺绣后再进行组合。

熊蜂 图片 | p.18 制作方法 | p. 52

▶主体第 9 行的钩织方法

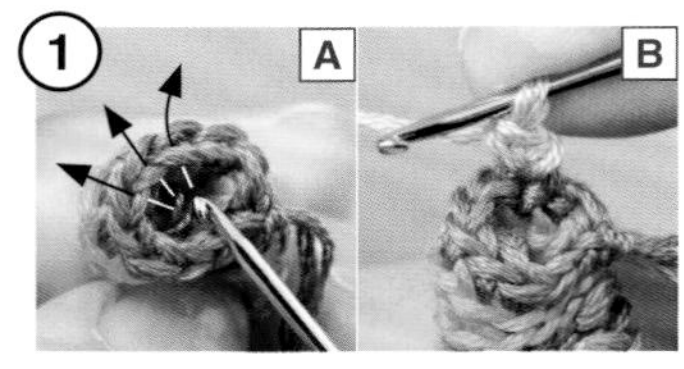

1
A
B

钩织至第 8 行后，将线剪断。第 9 行翻转织物在指定位置接线，看着反面在前一行的内侧半针里挑针钩 5 针短针，使正面呈条纹状。

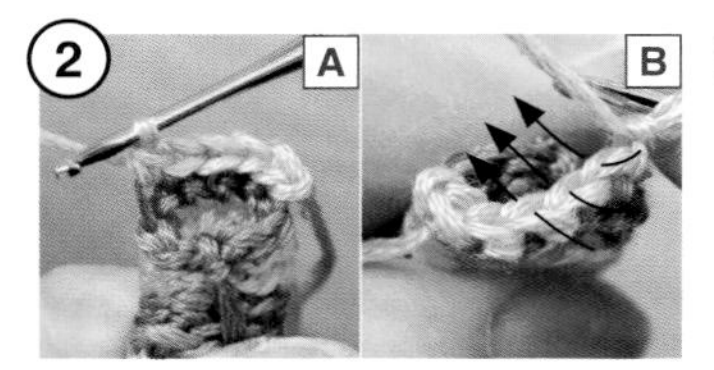

2
A
B

钩完 5 针后（A），翻转织物，看着正面在前一行的外侧半针里挑针钩 5 针短针的条纹针。

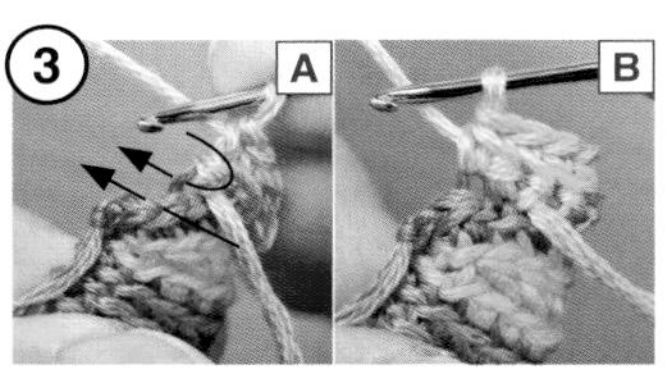

3
A
B

接着，在步骤①的第 1 针短针以及第 8 行的针脚里挑针（A），钩织短针 2 针并 1 针（B）。

4

接着钩 1 针短针、2 针引拔针、1 针短针，再次引拔后将线剪断。第 9 行就完成了。重新在指定位置接线，继续钩织第 10 行。

熊蜂 图片 | p.18 制作方法 | p. 52
日本蜜蜂 图片 | p.18 制作方法 | p. 53

▶线圈的缝法 ※ 此处以熊蜂为例进行说明

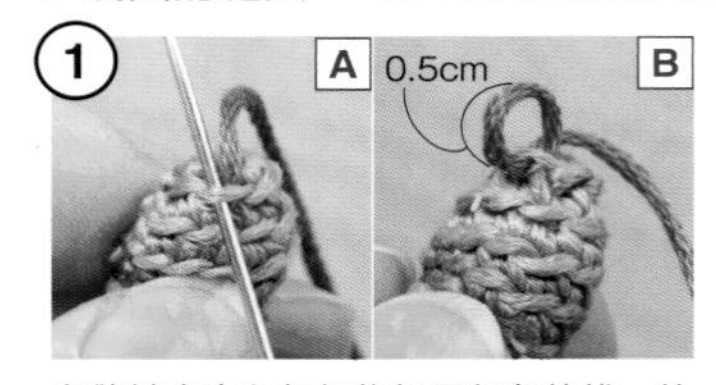

1
A
0.5cm
B

在缝针中穿入与织物相同颜色的线，从织物的反面出针。在条纹针脚里挑针（A），拉动线形成 0.5cm 左右的小线圈（B）。（日本蜜蜂因为没有钩织条纹针，就在短针的针脚 2 根线里挑针）

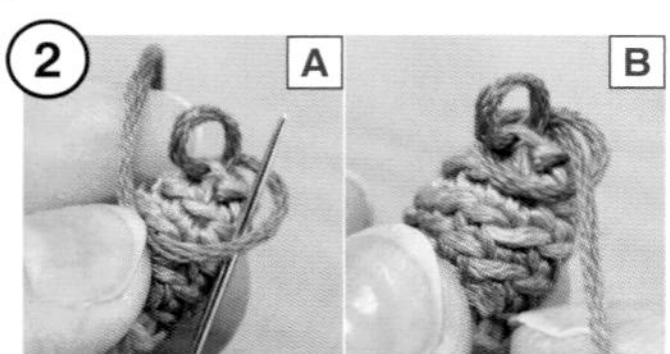

2
A
B

将线贴在小线圈边上，从绕出的线环下方入针（A），拉出线（B）。

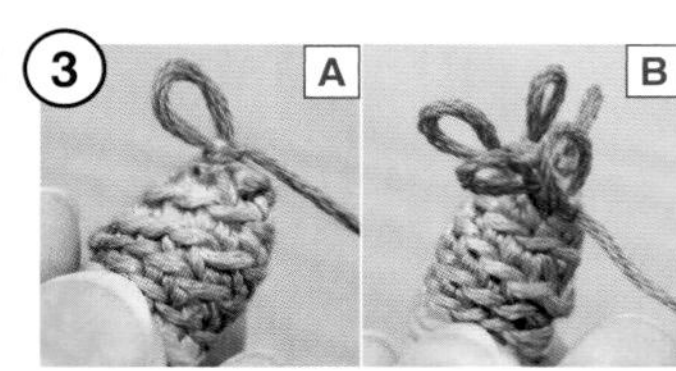

3
A
B

将线环收紧，固定线圈的根部（A）。重复步骤①~③，在所有条纹针脚里缝上线圈（B）。

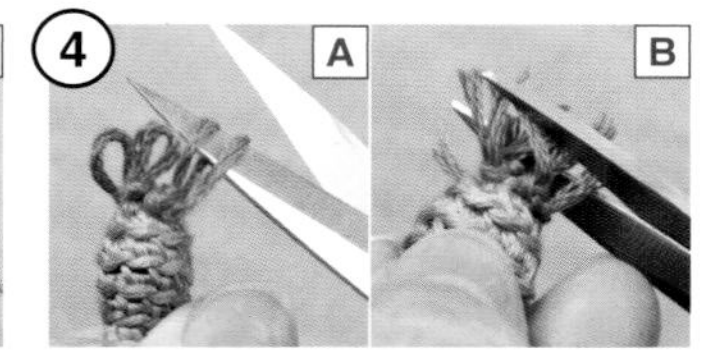

4
A
B

在所有条纹针脚里缝上线圈后，用剪刀剪开线圈（A），再修剪至 0.4cm。
※ 为了便于理解，此处只做一部分的示范讲解。

兰花螳螂 图片 | p.21 制作方法 | p. 56,57

▶头部第 5 行的钩织方法

1

钩织至第 4 行后，在织物中塞入相同的线。接着钩 3 针锁针，在里山挑针钩 2 针引拔针。对折织物，如箭头所示在重叠的 2 个针脚（头部 4 根线）里挑针，钩织引拔针。

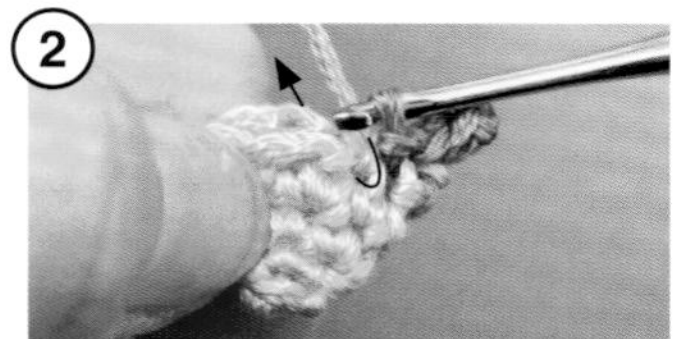

2

下一针也一样，在重叠的 2 个针脚（头部 4 根线）里挑针，钩织引拔针。

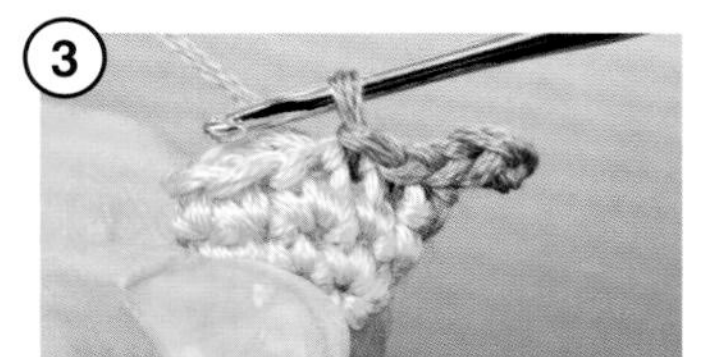

3

引拔针完成后的状态。再重复 2 次步骤①、②。

4

第 5 行完成。钩织后呈闭合状态。

日本锯锹 图片 | p.5

线 DMC 25号刺绣线 / 茶色系（898）…2支，橘黄色系（741）…少量

其他材料 和麻纳卡 直插式眼睛3mm / 黑色（H221-303-1）…1组；花艺铁丝（白色纸包）/ #20…1.2cm、5cm× 各2根，4cm×4根，#24…1.1cm、1.6cm、2.6cm× 各2根；填充棉、胶水、油性笔（茶色）…各适量

针 钩针2/0号

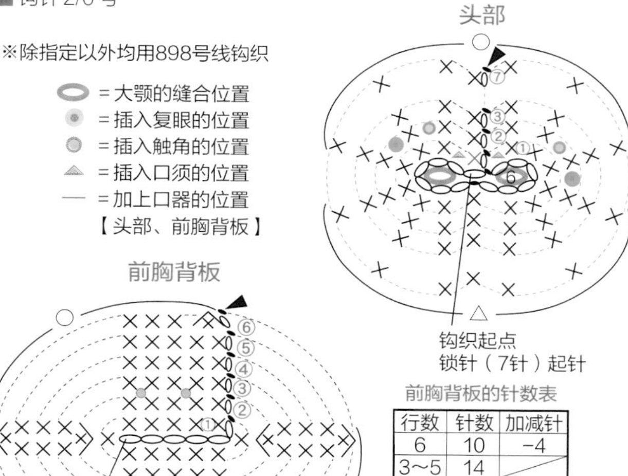

※除指定以外均用898号线钩织
=大颚的缝合位置
=插入复眼的位置
=插入触角的位置
=插入口须的位置
=加上口器的位置
【头部、前胸背板】
头部
钩织起点
锁针（7针）起针
前胸背板
钩织起点
锁针（5针）起针
= 插入前足的位置

头部的针数表

行数	针数
1~7	14

※第1~7行无须加减针钩织

※头部的组合方法与p.34相同

前胸背板的针数表

行数	针数	加减针
6	10	-4
3~5	14	
2	14	+2
1	12	

※留出长一点的线头剪断，塞入填充棉，对齐最后一行的○、△部分做卷针缝合

大颚的针数表

行数	针数	减针
8	3	
7	3	-1
1~6	4	

大颚 2只

※塞入填充棉，在最后一行的针脚里穿入钩织终点的线头后收紧

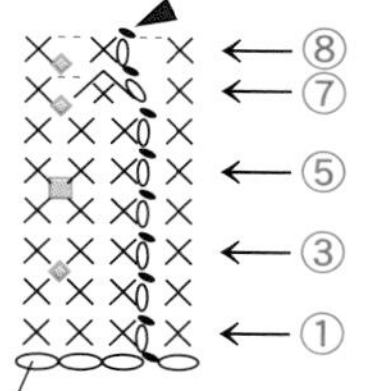

钩织起点
锁针（4针）起针后连接成环形
= 插入内齿的位置
= 插入小内齿的位置

腹部

背中心

钩织起点

锁针（5针）起针

※留出长一点的线头剪断，塞入填充棉，在最后一行的针脚里穿入钩织终点的线头后收紧

腹部的针数表

行数	针数	减针
12	6	-2
11	8	-6
1~10	14	

= 外钩短针（参照p.63）

= 插入中足的位置

= 插入后足的位置

前足 #20铁丝 （5cm×2根）

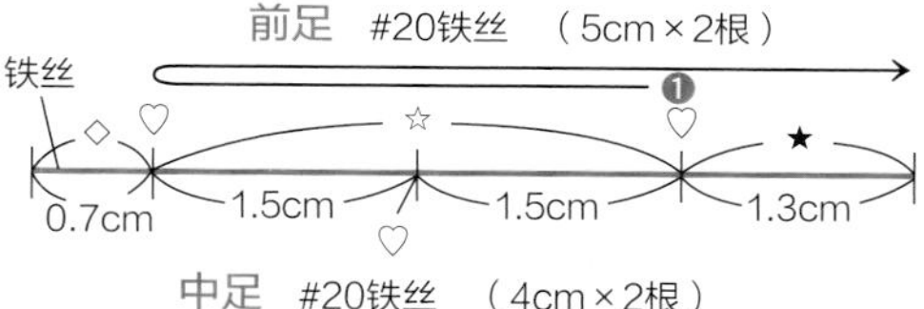

铁丝
0.7cm
1.5cm
1.5cm
1.3cm

中足 #20铁丝 （4cm×2根）

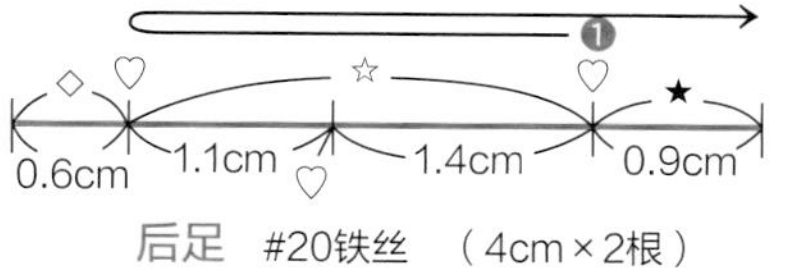

0.6cm
1.1cm
1.4cm
0.9cm

后足 #20铁丝 （4cm×2根）

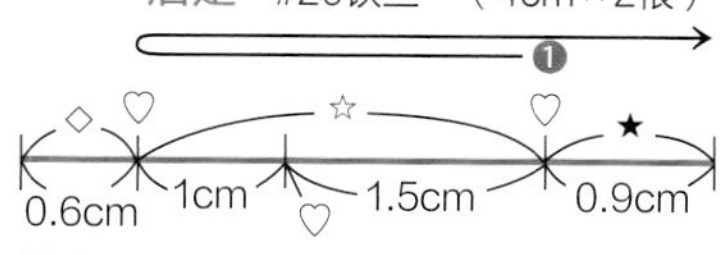

0.6cm
1cm
1.5cm
0.9cm

触角 #24铁丝 （2.6cm×2根）

0.6cm 1.5cm 0.5cm

口须 #24铁丝 （1.6cm×2根）

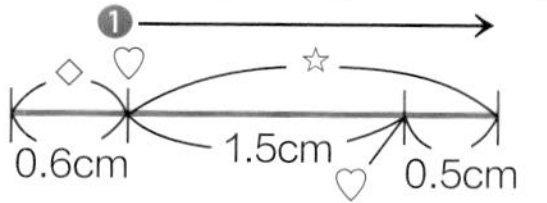

0.6cm
1cm

※无须绕线，用茶色油性笔涂色

内齿 #20铁丝 （1.2cm×2根）

0.6cm
0.6cm

※绕线时，末端细一点，插入一端粗一点

小内齿 #24铁丝 （1.1cm×2根）

0.6cm
0.5cm

※无须绕线，用茶色油性笔涂色

◇ = 插入位置

※对折后插入主体

☆ = 用898（6股线）绕2层

※用钩织终点的线头缠绕

★ = 用898（6股线）绕1层

♡ = 关节位置（弯曲铁丝）

组合方法

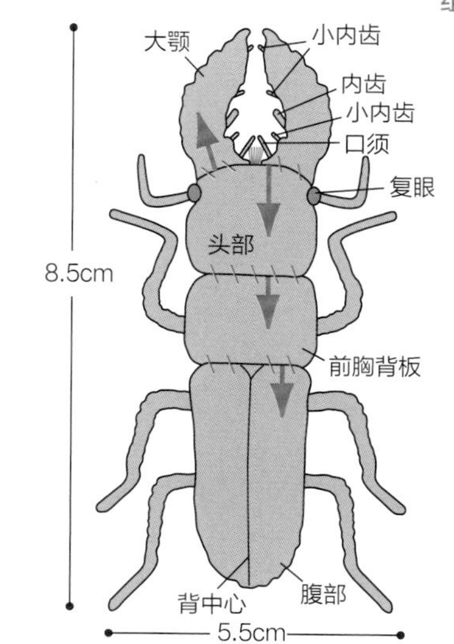

大颚
小内齿
内齿
小内齿
口须
复眼
头部
8.5cm
前胸背板
背中心
腹部
5.5cm

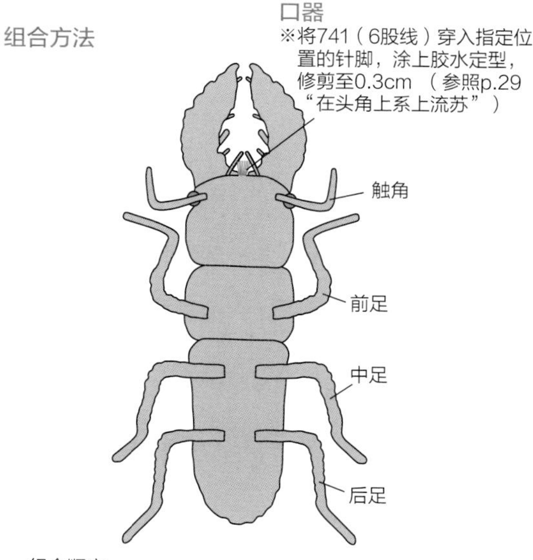

口器
※将741（6股线）穿入指定位置的针脚，涂上胶水定型，修剪至0.3cm （参照p.29 "在头角上系上流苏"）
触角
前足
中足
后足

组合顺序

①钩织头部和大颚，组合在一起（参照p.34"头部的组合方法"）

②将内齿、小内齿、复眼、触角、口须分别涂上胶水插入组合后的头部和大颚的指定位置

③在口须之间加上口器

④钩织前胸背板和腹部，再将头部和腹部缝在前胸背板上

⑤制作6条腿，涂上胶水后插入前胸背板和腹部的指定位置

⑥弯曲腿部的♡位置塑形

独角仙 图片 | p.4

线 DMC 25号刺绣线／茶色系（3371）…4支，茶色系（938）…3支，茶色系（3826）…少量

其他材料 和麻纳卡 直插式眼睛3mm／黑色（H221-303-1）…1组；花艺铁丝（白色纸包）／#20…4cm×1根，6.6cm×6根，#24…2.2cm×2根；填充棉、胶水…各适量

针 蕾丝针0号、2号

※除指定以外均用0号蕾丝针钩织

胸部的针数表

行数	针数	加减针
10	6	−6
9	12	−6
8	18	−6
7	24	
6	24	−6
5	30	
4	30	+6
3	24	+4
2	20	+5
1	15	

胸部

腹部的缝合位置
插入前足的位置
※钩织过程中塞入填充棉，在最后一行的针脚里穿入钩织终点的线头后收紧
头角～头部的缝合位置
※钩织至最后一行后重新接线，在第5行剩下的半针里挑针钩织引拔针（参照p.28“钩织腹部”）
钩织起点 锁针（3针）起针

胸部的配色表

——	3371
——	938

╳ =短针的条纹针
※在前一行的外侧半针里挑针

2cm
2.8cm

胸角和头角的角尖 3371
头角的角尖…4片
胸角的角尖…2片
※留出长一点的线头剪断
钩织起点 锁针（2针）起针

胸角 3371
※留出长一点的线头剪断
腹侧

胸角的针数表

行数	针数	加针
4	8	+2
3	6	+2
2	4	+1
1	3	

头角～头部
3371
口器的缝合位置
口须的缝合位置
插入复眼的位置
插入触角的位置

头角～头部的钩织方法
①环形起针，钩织至第2行后将线剪断
②另一片也钩织至第2行，第3行接着在①的针脚里挑针
※第2行各有1针没有挑针，无须处理
③在第13行塞入填充棉，插入剪至4cm长的#20铁丝，接着钩织第14行

头角～头部的针数表

行数	针数	加减针
14	6	−6
13	12	
12	12	+6
4～11	6	
3	6	−2
2	4、4	+1、+1
1	3、3	

塞入填充棉和#20铁丝（4cm）
4cm

胸部的组合方法
胸角
胸角的角尖
①在胸角的钩织起点部分缝上2片胸角的角尖
胸部 4行
3行
腹侧
头侧
②向头侧倾斜，将胸角的钩织终点部分缝在胸部的第1、2行

口须 3371（3股线）2片
2号蕾丝针
钩织起点 锁针（3针）起针

口器 3371
钩织起点 锁针（3针）起针
系流苏的位置

流苏
※用3826（3股线）在短针的头部挑针，在1针里系上3根流苏。
在根部涂上胶水定型，修剪至0.3cm。

触角 #24铁丝（2.2cm×2根）
1cm 1.2cm
铁丝
◇=插入位置
※对折（0.5cm）后插入主体
☆=用3371（3股线）绕线，前端的一半绕得粗一点

系流苏的方法
从正面穿入对折后的线环部分，再将线头穿入线环后拉紧
0.3cm
修剪整齐

头角～头部的组合方法
头角的角尖
角尖的中心
头角～头部
复眼
触角
口器 口须

①在头角～头部的2处钩织起点位置分别缝上2片角尖
②将口器和口须缝在主体的指定位置
③在口器上系上流苏
④将复眼（直插式眼睛）和触角涂上胶水后插入主体的指定位置

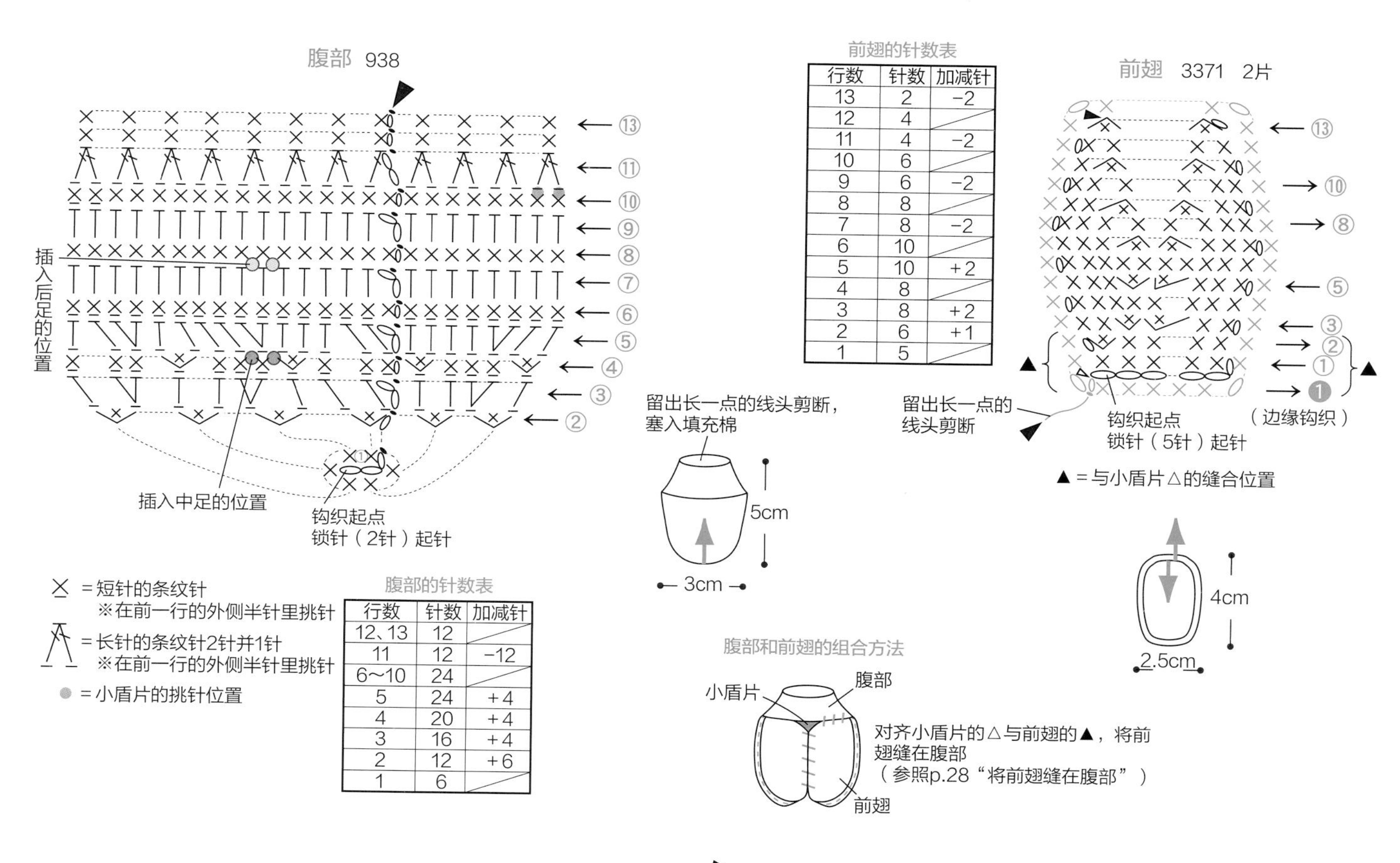

腹部 938
插入后足的位置
插入中足的位置
钩织起点
锁针（2针）起针
前翅 3371 2片
留出长一点的线头剪断
钩织起点
锁针（5针）起针
（边缘钩织）
▲＝与小盾片△的缝合位置
留出长一点的线头剪断，
塞入填充棉
5cm
3cm
4cm
2.5cm
腹部和前翅的组合方法
小盾片
腹部
前翅
对齐小盾片的△与前翅的▲，将前翅缝在腹部
（参照p.28“将前翅缝在腹部”）

前翅的针数表

行数	针数	加减针
13	2	−2
12	4	
11	4	−2
10	6	
9	6	−2
8	8	
7	8	−2
6	10	
5	10	＋2
4	8	
3	8	＋2
2	6	＋1
1	5	

腹部的针数表

行数	针数	加减针
12、13	12	
11	12	−12
6~10	24	
5	24	＋4
4	20	＋4
3	16	＋4
2	12	＋6
1	6	

✕̲ ＝短针的条纹针
※在前一行的外侧半针里挑针

⩚ ＝长针的条纹针2针并1针
※在前一行的外侧半针里挑针

● ＝小盾片的挑针位置

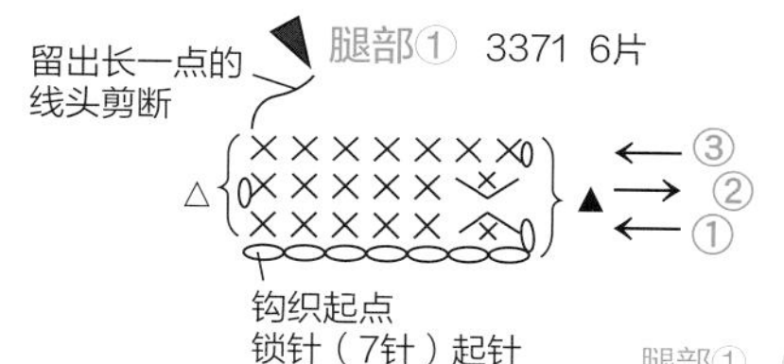

腿部① 3371 6片
留出长一点的线头剪断
钩织起点
锁针（7针）起针

腿部② 3371 6片

留出长一点的线头剪断

钩织起点
锁针（7针）起针

腿部①、②的组合方法

（正面）

将钩织起点与终点正面朝外对齐，做卷针缝合

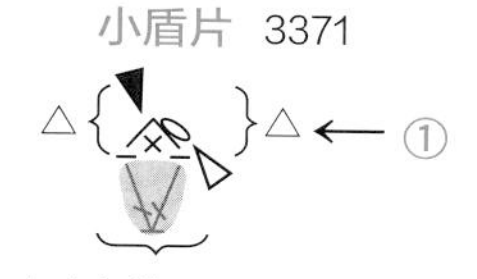

小盾片 3371

在腹部第10行剩下的半针（●）里挑针钩织
（参照p.28“在腹部挑针钩织小盾片”）

△＝与前翅▲的缝合位置

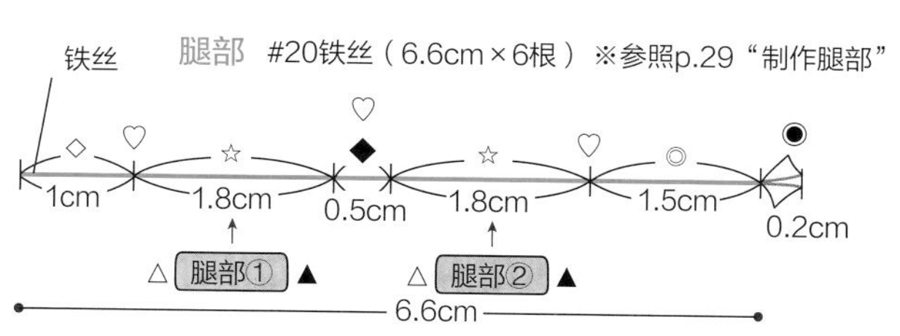

铁丝
腿部 #20铁丝（6.6cm×6根） ※参照p.29“制作腿部”
1cm
1.8cm
0.5cm
1.8cm
1.5cm
0.2cm
腿部①
腿部②
6.6cm

◇＝插入位置
※对折（0.5cm）后插入主体
☆＝穿入腿部①、②的位置
◆＝用3371（3股线）绕30圈
◎＝用3371（3股线）绕1层
◉＝将3371（6股线）剪至1cm左右，涂上胶水定型。将2根定型后的刺绣线粘贴在铁丝的末端，向外露出0.2cm
♡＝关节位置（弯曲铁丝）

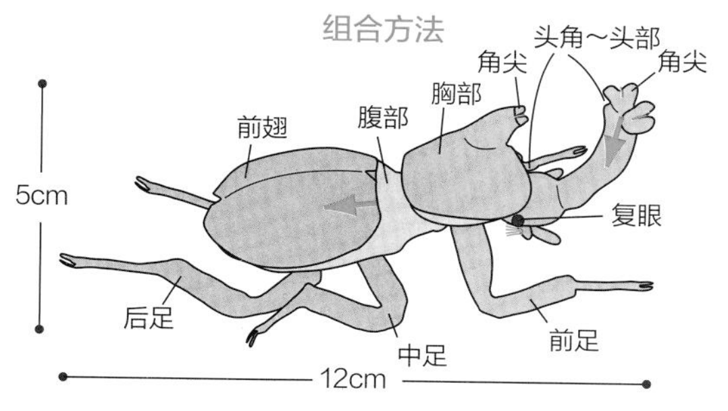

组合方法
头角~头部
角尖
角尖
胸部
腹部
前翅
复眼
5cm
后足
中足
前足
12cm

组合顺序
①钩织各部分，分别进行组合
②将组合后的胸部缝在组合后的头角~头部
③将②缝在组合后的腹部
④制作6条腿，将腿部的◇部分对折，分别涂上胶水后插入指定位置
⑤弯曲腿部的♡位置塑形

奄美锯锹 图片&重点教程 | p.6 & p.27

线 DMC 25 号刺绣线／茶色系（3371）…3 支，橘黄色系（741）…少量

其他材料 和麻纳卡 直插式眼睛 4mm／黑色（H221-304-1）…1 组；花艺铁丝（白色纸包）／#20…2cm、5.5cm× 各 2 根，5cm×4 根，#24…2cm、3cm× 各 2 根；填充棉、胶水、油性笔（茶色）…各适量

针 钩针 2/0 号

※除指定以外均用3371号线钩织

头部的组合方法

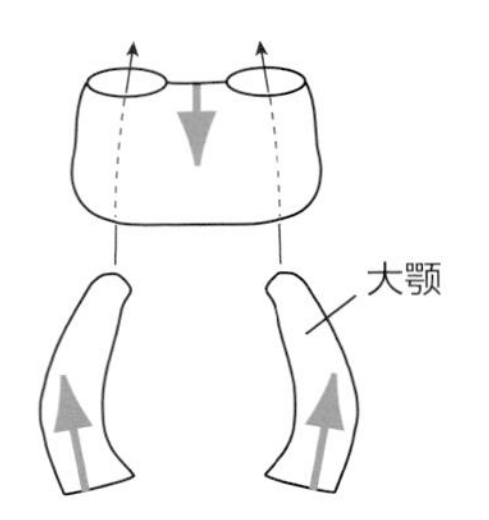

大颚

①将大颚插入头部的指定位置

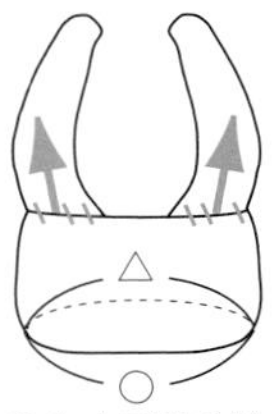

②在内侧缝合连接处的根部

③在头部塞入填充棉，对齐头部的○、△部分做卷针缝合

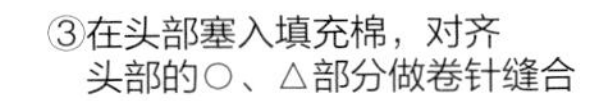

头部的针数表

行数	针数	加减针
6	18	-4
3~5	22	
2	22	+2
1	20	

=大颚的缝合位置
=插入复眼的位置
=插入触角的位置
=插入口须的位置
—=加上口器的位置

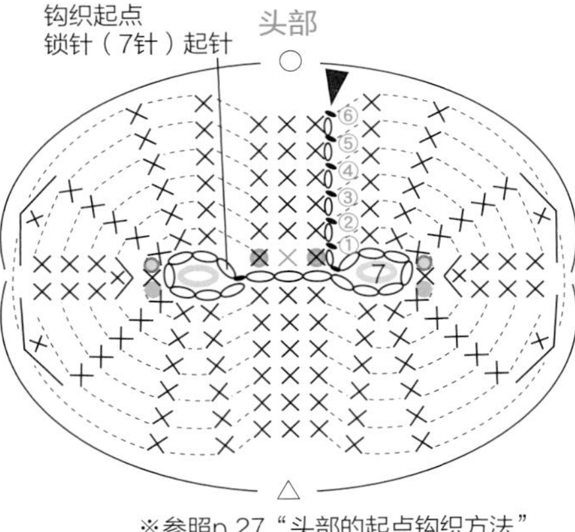

钩织起点
锁针（7针）起针
头部

※参照p.27“头部的起点钩织方法”

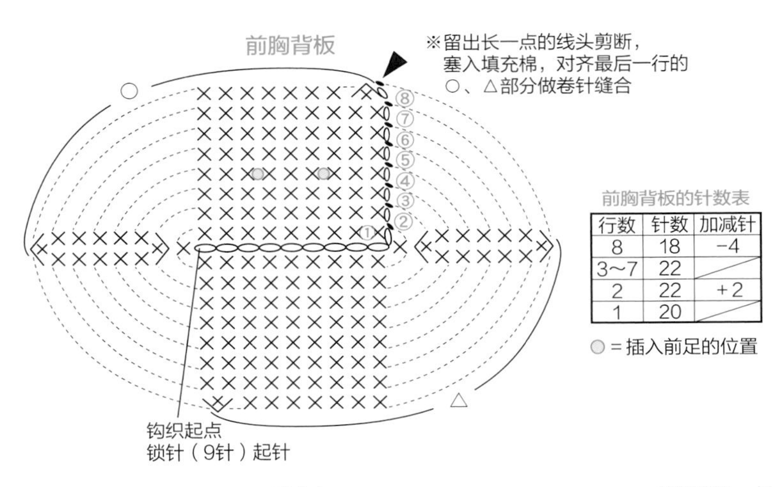

前胸背板
钩织起点
锁针（9针）起针

※留出长一点的线头剪断，塞入填充棉，对齐最后一行的○、△部分做卷针缝合

前胸背板的针数表

行数	针数	加减针
8	18	-4
3~7	22	
2	22	+2
1	20	

○=插入前足的位置

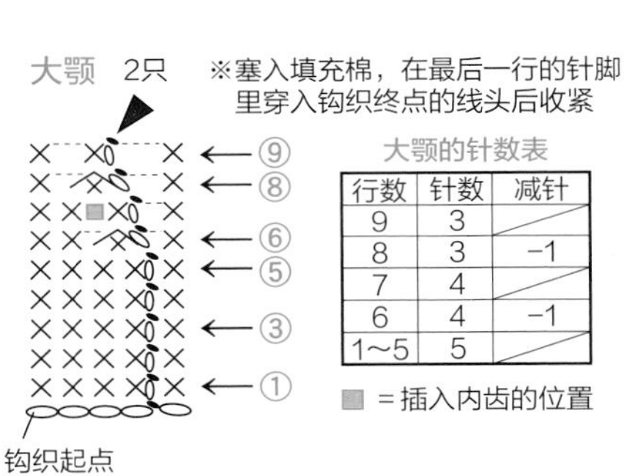

大颚 2只
钩织起点
锁针（5针）起针
后连接成环形

※塞入填充棉，在最后一行的针脚里穿入钩织终点的线头后收紧

大颚的针数表

行数	针数	减针
9	3	
8	3	-1
7	4	
6	4	-1
1~5	5	

■=插入内齿的位置

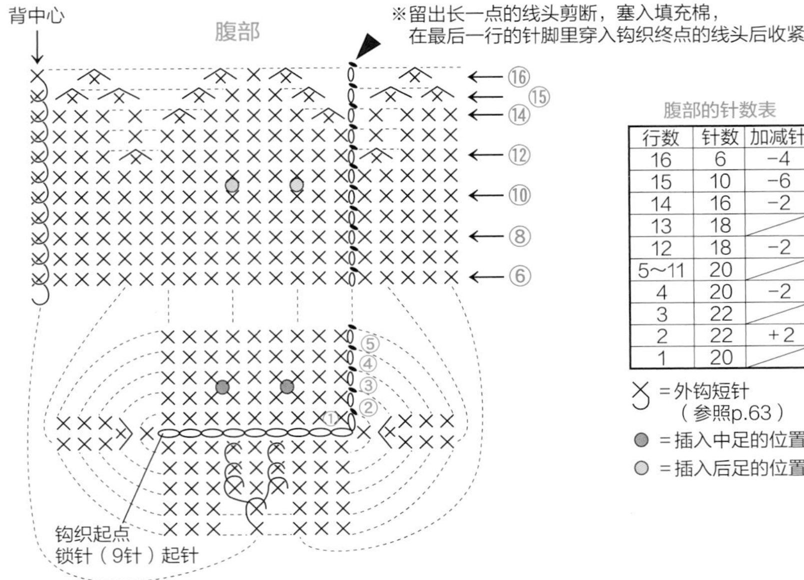

背中心
腹部
钩织起点
锁针（9针）起针

※留出长一点的线头剪断，塞入填充棉，在最后一行的针脚里穿入钩织终点的线头后收紧

腹部的针数表

行数	针数	加减针
16	6	-4
15	10	-6
14	16	-2
13	18	
12	18	-2
5~11	20	
4	20	-2
3	22	
2	22	+2
1	20	

=外钩短针（参照p.63）
●=插入中足的位置
○=插入后足的位置

※参照p.27“包住铁丝钩织的方法”（腿部通用）

前足 #20铁丝（5.5cm×2根）3371

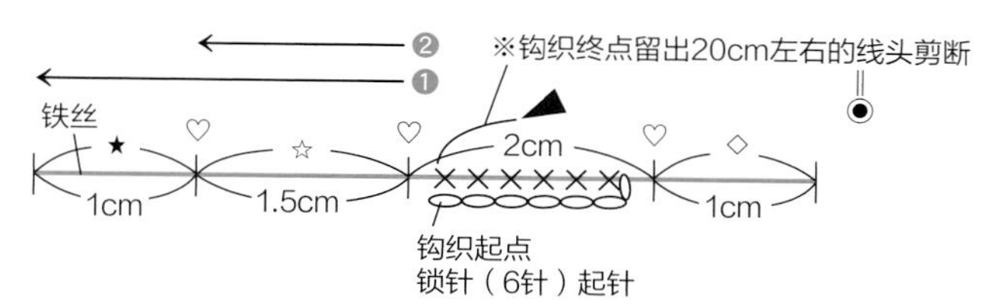
❷
❶
※钩织终点留出20cm左右的线头剪断
铁丝
2cm
1cm
1.5cm
1cm
钩织起点
锁针（6针）起针

中足 #20铁丝（5cm×2根）3371

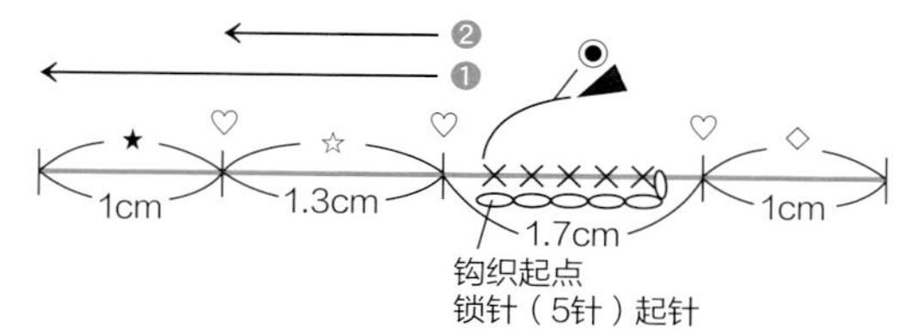
❷
❶
1cm
1.3cm
1.7cm
1cm
钩织起点
锁针（5针）起针

后足 #20铁丝（5cm×2根）3371

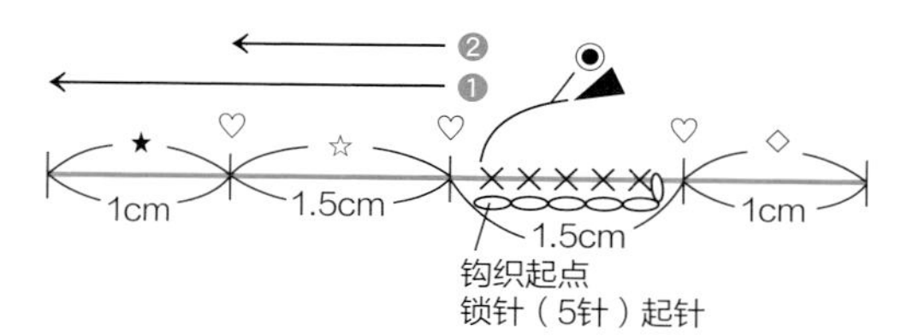
❷
❶
1cm
1.5cm
1.5cm
1cm
钩织起点
锁针（5针）起针

触角 #24铁丝（3cm×2根）

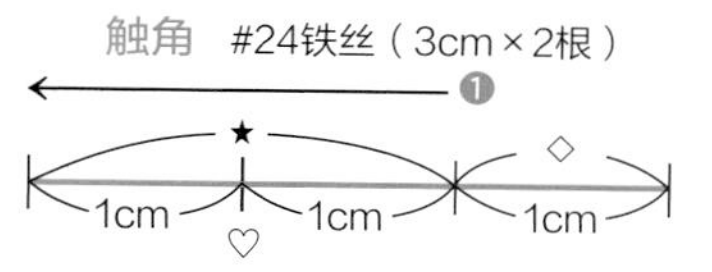
❶
1cm
1cm
1cm

口须 #24铁丝（2cm×2根）

1cm
1cm

※无须绕线，用茶色
油性笔涂色

内齿 #20铁丝（2cm×2根）

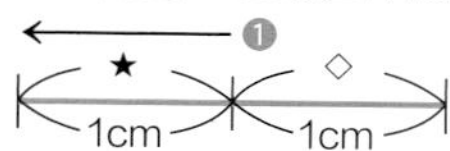
❶
1cm
1cm

※绕线时，末端细一点，
插入一端粗一点

◇＝插入位置
※对折（0.5cm）后插入主体
☆＝用3371（6股线）绕2层
※用钩织终点的线头缠绕
★＝用3371（6股线）绕1层
♡＝关节位置（弯曲铁丝）

组合方法

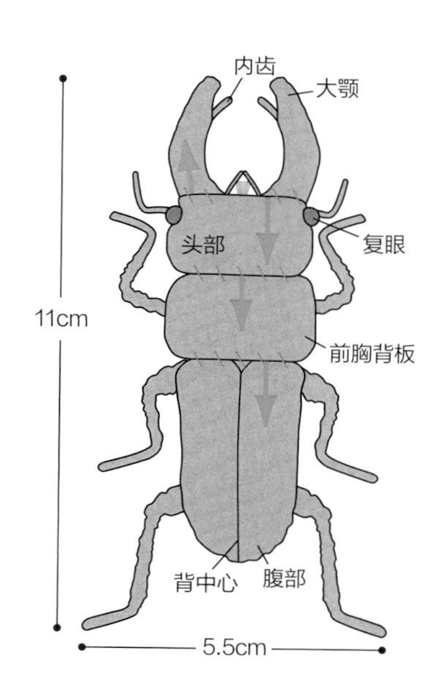
内齿
大颚
头部
复眼
11cm
前胸背板
背中心
腹部
5.5cm

口器
※将741（6股线）穿入指定位置的针脚，
涂上胶水定型，修剪至0.5cm
（参照p.29“在头角上系上流苏”）
口须
触角
前足
中足
后足

组合顺序
①钩织头部和大颚，将其组合在一起
②将内齿、复眼、触角、口须分别涂上胶水，插入组合后的头部和大颚的指定位置
③在口须之间加上口器
④钩织前胸背板和腹部，再将头部和腹部缝在前胸背板上
⑤制作6条腿，涂上胶水后插入前胸背板和腹部的指定位置
⑥弯曲腿部的♡位置塑形

长戟大兜虫 图片&重点教程 | p.7 & p.28,29

线 DMC 25号刺绣线／黑色（310）…5支，茶色系（3031）…3支，黄色系（3820）…2支，茶色系（436）…1支

其他材料 和麻纳卡 直插式眼睛3.5mm／黑色（H221-335-1）…1组；花艺铁丝（白色纸包）／#20…10cm×6根，#24…2.5cm×2根；填充棉、胶水…各适量

针 蕾丝针0号、2号

※除指定以外均用0号蕾丝针钩织

头角 310

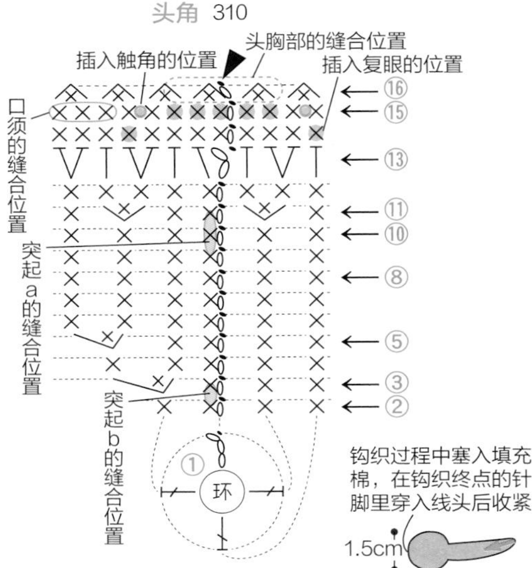

插入触角的位置
头胸部的缝合位置
插入复眼的位置
口须的缝合位置
突起a的缝合位置
突起b的缝合位置
环

钩织过程中塞入填充棉，在钩织终点的针脚里穿入线头后收紧

1.5cm
5cm

●（第15行）＝系流苏的位置
※用436（3股线）在1针短针里系上2根流苏（参照p.29“在头角上系上流苏”）。
在根部涂上胶水定型，修剪至0.2～0.3cm

头角的针数表

行数	针数	加减针
16	6	−6
14、15	12	
13	12	+4
12	8	
11	8	+2
6～10	6	
5	6	+1
4	5	
3	5	+1
1、2	4	

胸角～头胸部 ※除了第22行以外均做环形钩织

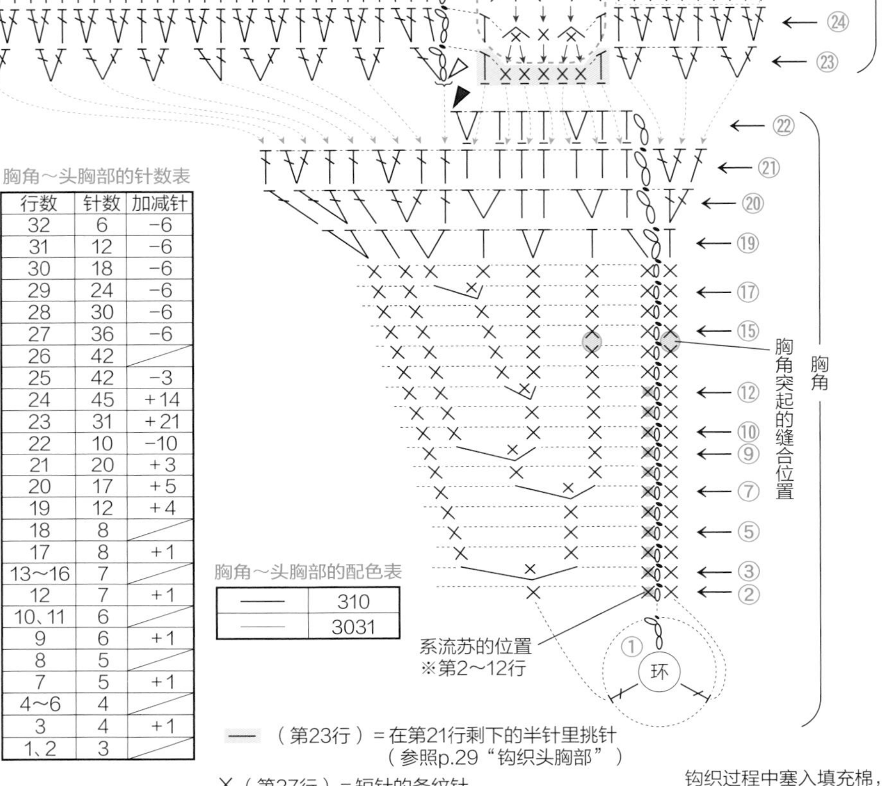

腹部的缝合位置
头角的缝合位置
插入前足的位置
头胸部
胸角
胸角突起的缝合位置
系流苏的位置
※第2～12行
环

胸角～头胸部的针数表

行数	针数	加减针
32	6	−6
31	12	−6
30	18	−6
29	24	−6
28	30	−6
27	36	−6
26	42	
25	42	−3
24	45	+14
23	31	+21
22	10	−10
21	20	+3
20	17	+5
19	12	+4
18	8	
17	8	+1
13～16	7	
12	7	+1
10、11	6	
9	6	+1
8	5	
7	5	+1
4～6	4	
3	4	+1
1、2	3	

胸角～头胸部的配色表

——	310
——	3031

▬（第23行）＝在第21行剩下的半针里挑针（参照p.29“钩织头胸部”）

X（第27行）＝短针的条纹针 ※在前一行的外侧半针里挑针

T（第22行）＝中长针的条纹针 ※在前一行的内侧半针里挑针

●（第27行）＝引拔针 ※在前一行剩下的半针里挑针（参照p.28“钩织腹部”）

※用436（3股线）在1针短针里系上2根流苏（参照p.28“在胸角上系上流苏”）。在根部涂上胶水定型，修剪至0.5cm

钩织过程中塞入填充棉，在钩织终点的针脚里穿入线头后收紧

4cm
10cm

头角的突起a 310

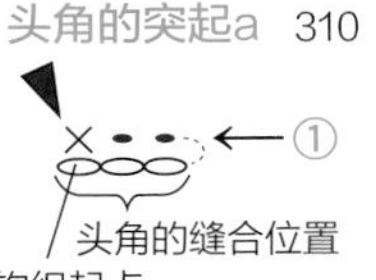

头角的缝合位置
钩织起点
锁针（3针）起针

头角的突起b 310

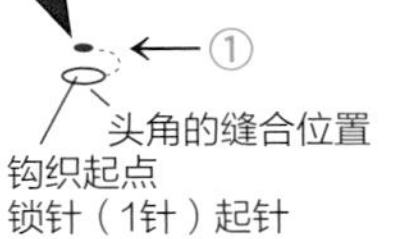

头角的缝合位置
钩织起点
锁针（1针）起针

胸角的突起 310 2片

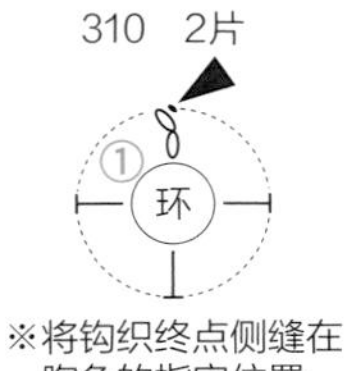

环

※将钩织终点侧缝在胸角的指定位置

口器 310

头角的缝合位置
钩织起点
锁针（3针）起针

●＝系流苏的位置
※用436（3股线）在短针的头部挑针，在1针短针里系上2根流苏。
在根部涂上胶水定型，修剪至0.5cm

口须 310（3股线）2片 2号蕾丝针

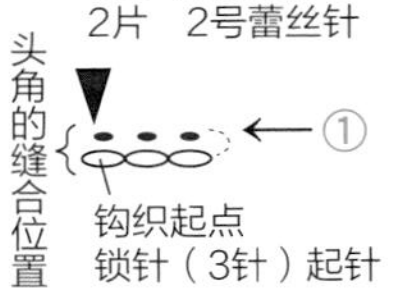

头角的缝合位置
钩织起点
锁针（3针）起针

触角 #24铁丝（2.5cm×2根）

1cm 1.5cm 铁丝
2.5cm

◇＝插入位置
※对折（0.5cm）后插入主体
☆＝用310（3股线）绕线，前端的一半绕得粗一点

胸角和头角的组合方法

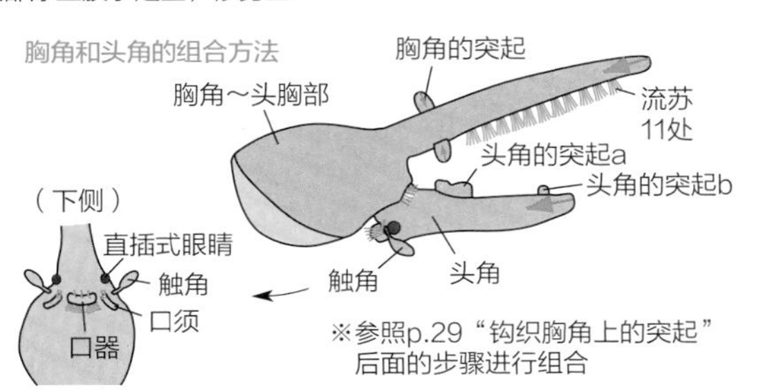

胸角的突起
胸角～头胸部
流苏11处
头角的突起a
头角的突起b
（下侧）
直插式眼睛
触角
口须
口器
触角
头角

※参照p.29“钩织胸角上的突起”后面的步骤进行组合

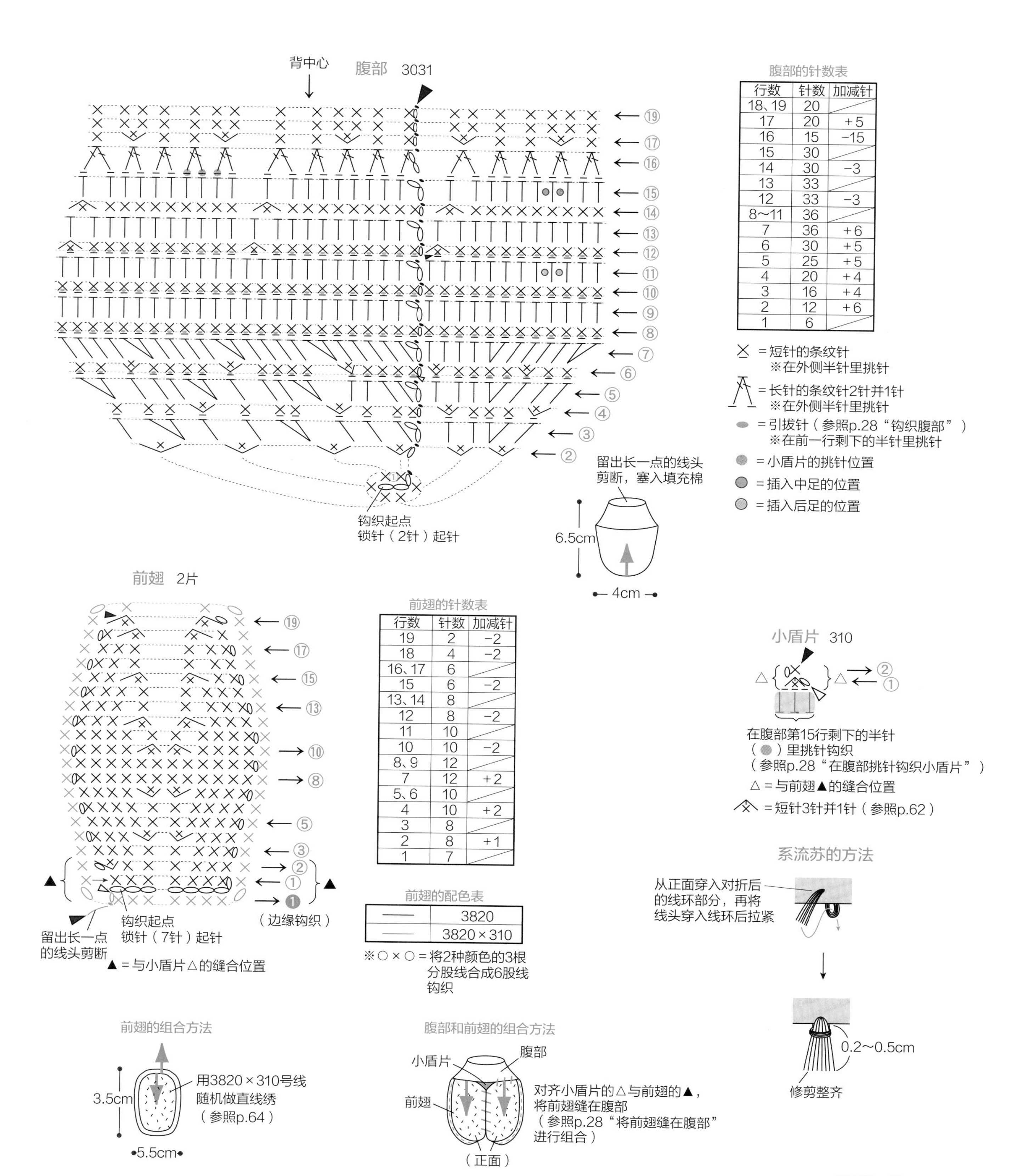

背中心
腹部 3031
留出长一点的线头
剪断，塞入填充棉
6.5cm
4cm
钩织起点
锁针（2针）起针
= 短针的条纹针
※在外侧半针里挑针
= 长针的条纹针2针并1针
※在外侧半针里挑针
= 引拔针（参照p.28“钩织腹部”）
※在前一行剩下的半针里挑针
= 小盾片的挑针位置
= 插入中足的位置
= 插入后足的位置
前翅 2片
钩织起点
锁针（7针）起针
留出长一点
的线头剪断
（边缘钩织）
▲ = 与小盾片△的缝合位置
※○×○ = 将2种颜色的3根
分股线合成6股线
钩织
小盾片 310
在腹部第15行剩下的半针
（●）里挑针钩织
（参照p.28“在腹部挑针钩织小盾片”）
△ = 与前翅▲的缝合位置
= 短针3针并1针（参照p.62）
系流苏的方法
从正面穿入对折后
的线环部分，再将
线头穿入线环后拉紧
0.2～0.5cm
修剪整齐
前翅的组合方法
3.5cm
5.5cm
用3820×310号线
随机做直线绣
（参照p.64）
腹部和前翅的组合方法
小盾片
腹部
前翅
对齐小盾片的△与前翅的▲，
将前翅缝在腹部
（参照p.28“将前翅缝在腹部”
进行组合）
（正面）

腹部的针数表

行数	针数	加减针
18、19	20	
17	20	+5
16	15	−15
15	30	
14	30	−3
13	33	
12	33	−3
8~11	36	
7	36	+6
6	30	+5
5	25	+5
4	20	+4
3	16	+4
2	12	+6
1	6	

前翅的针数表

行数	针数	加减针
19	2	−2
18	4	−2
16、17	6	
15	6	−2
13、14	8	
12	8	−2
11	10	
10	10	−2
8、9	12	
7	12	+2
5、6	10	
4	10	+2
3	8	
2	8	+1
1	7	

前翅的配色表

——	3820
——	3820×310

※下转p.60

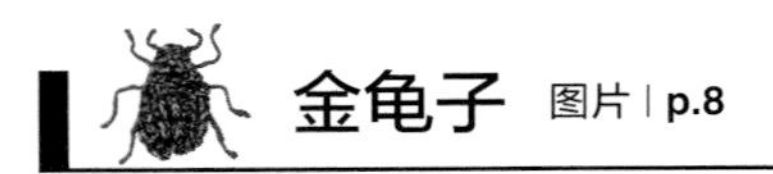

金龟子 图片 | p.8

线 DMC 25 号刺绣线 / 绿色系金属线（E699）、黄绿色系金属线（E703）…各 1 支，黑色金属线（E310）、茶色系金属线（E898）…各 0.5 支

其他材料 和麻纳卡 直插式眼睛 3mm / 黑色（H221-303-1）…1 组；花艺铁丝（白色纸包）/ #24…1.9cm、2.6cm、2.9cm、3.6cm × 各 2 根；填充棉、胶水…各适量

针 钩针 2/0 号

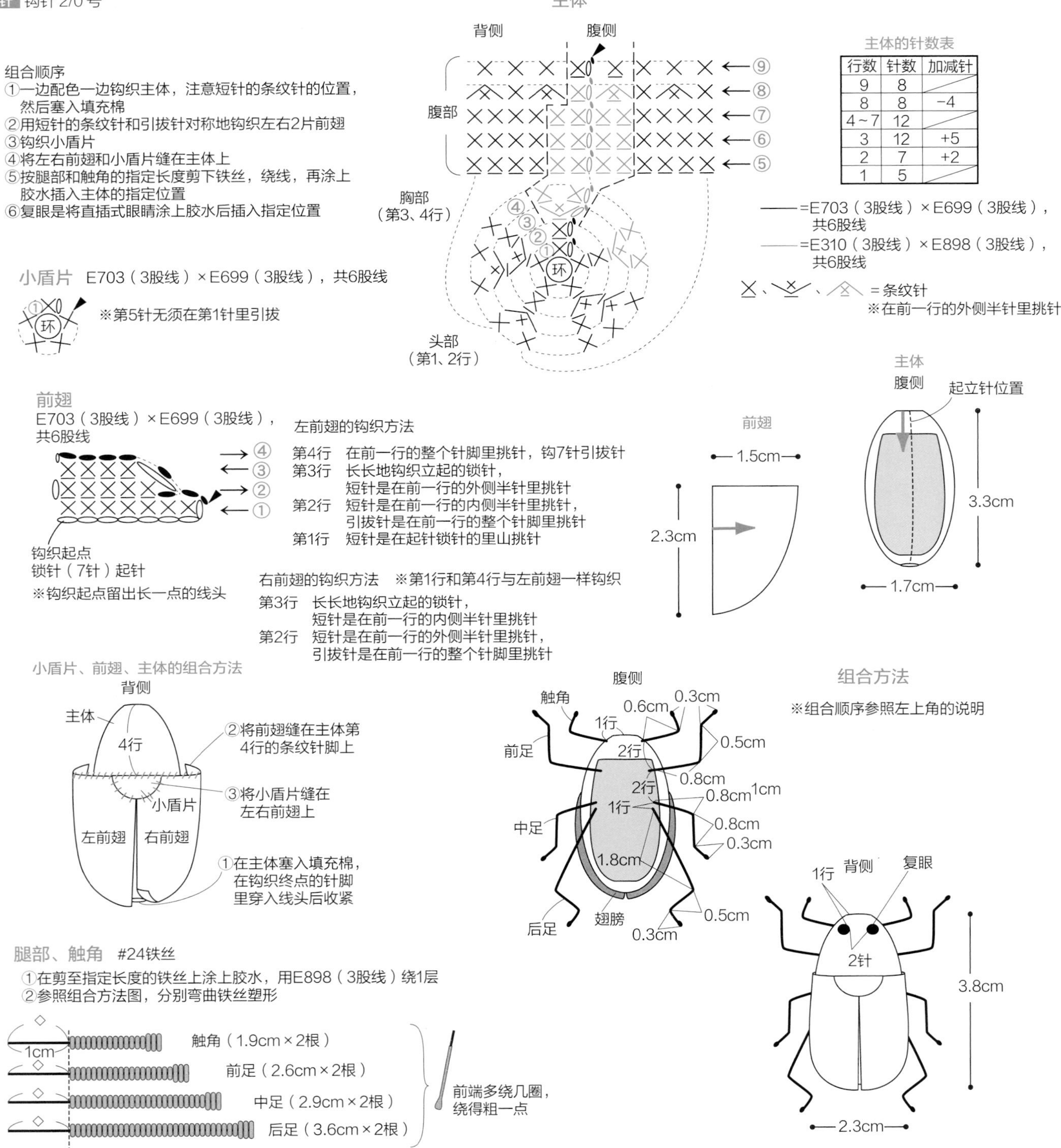

主体
背侧
腹侧
腹部
胸部
（第3、4行）
头部
（第1、2行）
环
主体的针数表
=E703（3股线）× E699（3股线），共6股线
=E310（3股线）× E898（3股线），共6股线
= 条纹针
※在前一行的外侧半针里挑针
组合顺序
①一边配色一边钩织主体，注意短针的条纹针的位置，然后塞入填充棉
②用短针的条纹针和引拔针对称地钩织左右2片前翅
③钩织小盾片
④将左右前翅和小盾片缝在主体上
⑤按腿部和触角的指定长度剪下铁丝，绕线，再涂上胶水插入主体的指定位置
⑥复眼是将直插式眼睛涂上胶水后插入指定位置
小盾片 E703（3股线）× E699（3股线），共6股线
※第5针无须在第1针里引拔
前翅
E703（3股线）× E699（3股线），共6股线
钩织起点
锁针（7针）起针
※钩织起点留出长一点的线头
左前翅的钩织方法
第4行 在前一行的整个针脚里挑针，钩7针引拔针
第3行 长长地钩织立起的锁针，短针是在前一行的外侧半针里挑针
第2行 短针是在前一行的内侧半针里挑针，引拔针是在前一行的整个针脚里挑针
第1行 短针是在起针锁针的里山挑针
右前翅的钩织方法 ※第1行和第4行与左前翅一样钩织
第3行 长长地钩织立起的锁针，短针是在前一行的内侧半针里挑针
第2行 短针是在前一行的外侧半针里挑针，引拔针是在前一行的整个针脚里挑针
前翅
1.5cm
2.3cm
主体
腹侧
起立针位置
3.3cm
1.7cm
小盾片、前翅、主体的组合方法
背侧
主体
4行
②将前翅缝在主体第4行的条纹针脚上
小盾片
③将小盾片缝在左右前翅上
左前翅
右前翅
①在主体塞入填充棉，在钩织终点的针脚里穿入线头后收紧
腹侧
触角
前足
中足
后足
翅膀
1行
2行
0.6cm
0.3cm
0.5cm
0.8cm
1cm
1.8cm
组合方法
※组合顺序参照左上角的说明
背侧
复眼
2针
3.8cm
2.3cm
腿部、触角 #24铁丝
①在剪至指定长度的铁丝上涂上胶水，用E898（3股线）绕1层
②参照组合方法图，分别弯曲铁丝塑形
1cm
触角（1.9cm × 2根）
前足（2.6cm × 2根）
中足（2.9cm × 2根）
后足（3.6cm × 2根）
前端多绕几圈，绕得粗一点
绕线起点
◇ = 插入位置
※涂上胶水后插入主体

主体的针数表

行数	针数	加减针
9	8	
8	8	−4
4～7	12	
3	12	+5
2	7	+2
1	5	

桃金吉丁虫 图片 | p.8

线 DMC 25号刺绣线／极光色系金属线（E135）、黄绿色系金属线（E703）、茶色系金属线（E898）…各1支，红色极光金属线（E130）、浅蓝色系金属线（E334）、绿色系金属线（E699）…各0.5支

其他材料 和麻纳卡 直插式眼睛3mm／黑色（H221-303-1）…1组；花艺铁丝（白色纸包）／#24…1.5cm、2cm、4cm×各2根，3cm×6根；填充棉、胶水…各适量

针 钩针2/0号

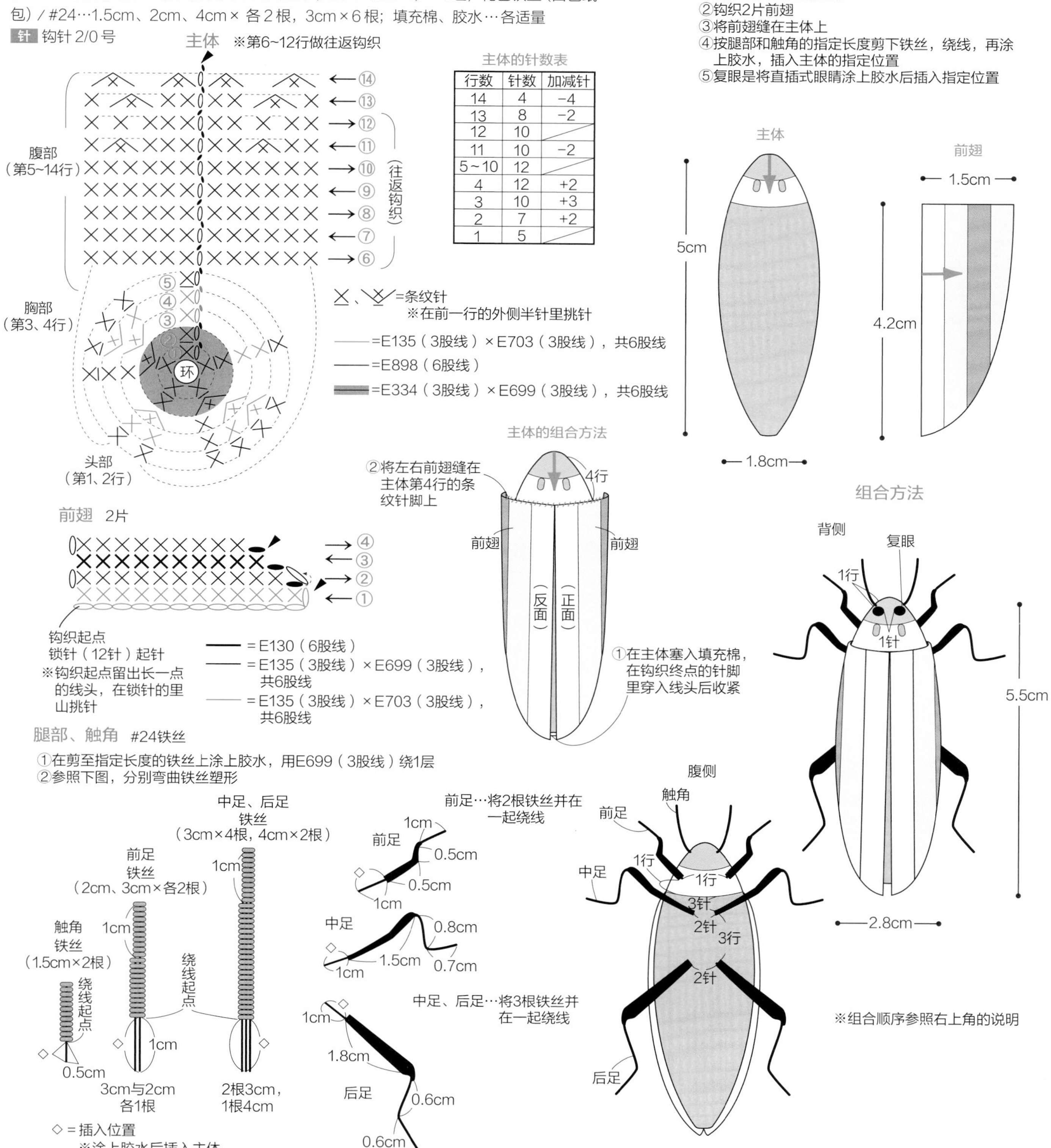

主体 ※第6~12行做往返钩织
腹部（第5~14行）
（往返钩织）
胸部（第3、4行）
头部（第1、2行）
环
=条纹针
※在前一行的外侧半针里挑针
=E135（3股线）×E703（3股线），共6股线
=E898（6股线）
=E334（3股线）×E699（3股线），共6股线
前翅 2片
钩织起点
锁针（12针）起针
※钩织起点留出长一点的线头，在锁针的里山挑针
=E130（6股线）
=E135（3股线）×E699（3股线），共6股线
=E135（3股线）×E703（3股线），共6股线
腿部、触角 #24铁丝
①在剪至指定长度的铁丝上涂上胶水，用E699（3股线）绕1层
②参照下图，分别弯曲铁丝塑形
触角 铁丝（1.5cm×2根）
绕线起点
0.5cm
前足 铁丝（2cm、3cm×各2根）
1cm
3cm与2cm各1根
中足、后足 铁丝（3cm×4根，4cm×2根）
2根3cm，1根4cm
◇=插入位置
※涂上胶水后插入主体
前足…将2根铁丝并在一起绕线
0.5cm
中足
0.8cm
1.5cm
0.7cm
中足、后足…将3根铁丝并在一起绕线
1.8cm
后足
0.6cm
主体的组合方法
②将左右前翅缝在主体第4行的条纹针脚上
4行
前翅
（反面）
（正面）
①在主体塞入填充棉，在钩织终点的针脚里穿入线头后收紧
组合顺序
①一边配色一边钩织主体，注意短针的条纹针的位置，然后塞入填充棉
②钩织2片前翅
③将前翅缝在主体上
④按腿部和触角的指定长度剪下铁丝，绕线，再涂上胶水，插入主体的指定位置
⑤复眼是将直插式眼睛涂上胶水后插入指定位置
主体
5cm
1.8cm
前翅
1.5cm
4.2cm
组合方法
背侧
复眼
1行
1针
5.5cm
2.8cm
腹侧
触角
前足
中足
1行
3针
2针
3行
后足
※组合顺序参照右上角的说明

主体的针数表

行数	针数	加减针
14	4	-4
13	8	-2
12	10	
11	10	-2
5~10	12	
4	12	+2
3	10	+3
2	7	+2
1	5	

源氏萤 图片 | p.9

线 DMC 25 号刺绣线 / 黑色（310）…1 支，粉红色系（600）、黑色金属线（E310）、黄色系荧光（E980）…各少量

其他材料 花艺铁丝（白色纸包）/ #26…2.3cm × 2 根，2.5cm × 4 根，#28…4cm × 2 根；填充棉、胶水…各适量

针 钩针 2/0 号，蕾丝针 6 号

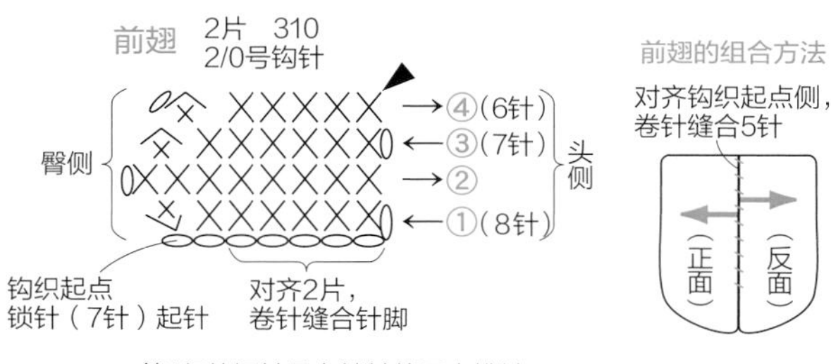

前翅 2片 310
2/0号钩针
臀侧
头侧
④（6针）
③（7针）
②
①（8针）
钩织起点
锁针（7针）起针
对齐2片，
卷针缝合针脚
前翅的组合方法
对齐钩织起点侧，
卷针缝合5针
（正面）
（反面）

※第1行的短针是在锁针的里山挑针

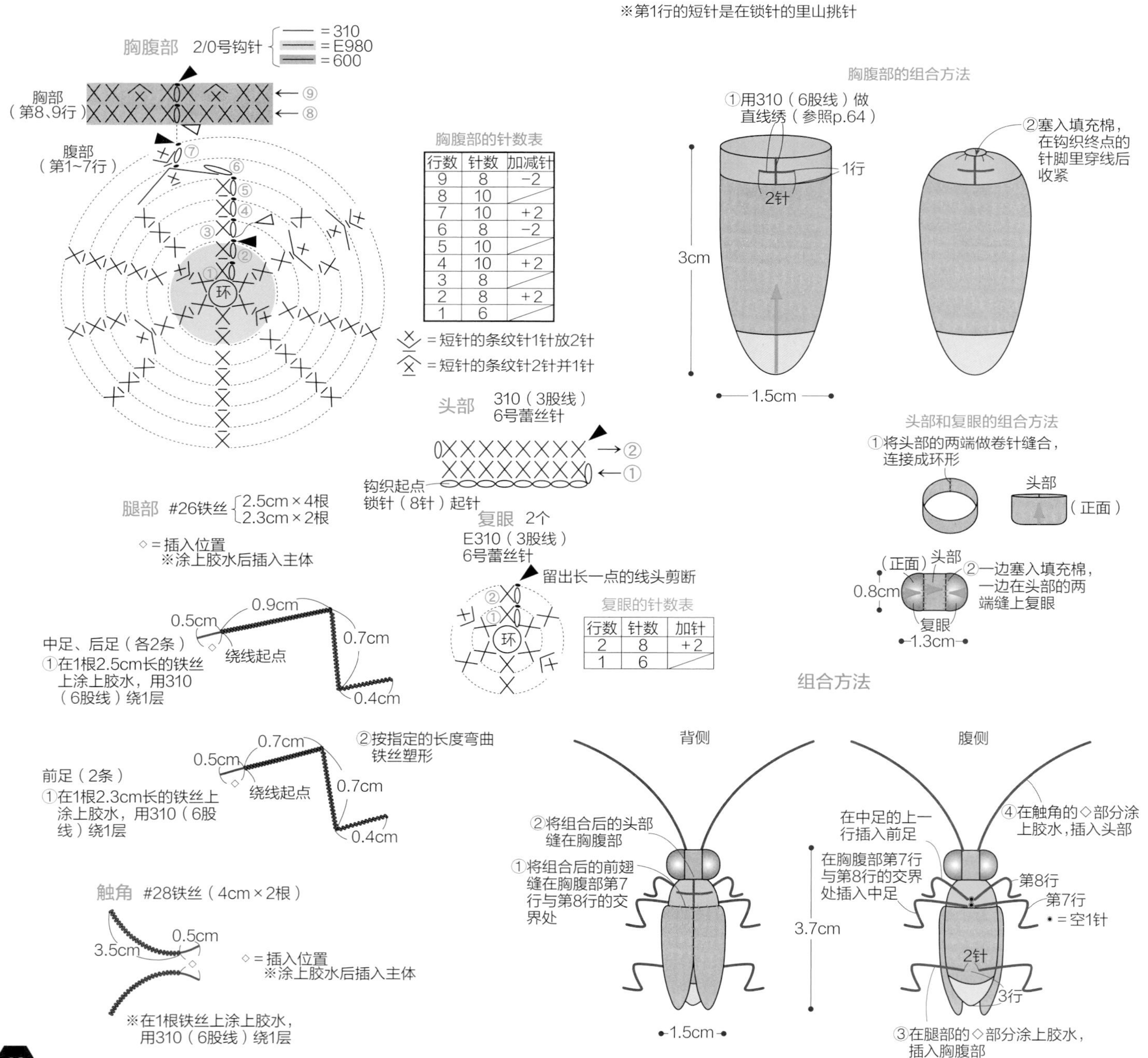

胸腹部 2/0号钩针
= 310
= E980
= 600
胸部
（第8、9行）
腹部
（第1~7行）
环
= 短针的条纹针1针放2针
= 短针的条纹针2针并1针
头部 310（3股线）
6号蕾丝针
钩织起点
锁针（8针）起针
复眼 2个
E310（3股线）
6号蕾丝针
留出长一点的线头剪断
腿部 #26铁丝 2.5cm × 4根 2.3cm × 2根
◇ = 插入位置
※涂上胶水后插入主体
中足、后足（各2条）
①在1根2.5cm长的铁丝上涂上胶水，用310（6股线）绕1层
0.5cm
0.9cm
0.7cm
0.4cm
绕线起点
②按指定的长度弯曲铁丝塑形
前足（2条）
①在1根2.3cm长的铁丝上涂上胶水，用310（6股线）绕1层
0.5cm
0.7cm
0.7cm
0.4cm
绕线起点
触角 #28铁丝（4cm × 2根）
3.5cm
0.5cm
◇ = 插入位置
※涂上胶水后插入主体
※在1根铁丝上涂上胶水，用310（6股线）绕1层
胸腹部的组合方法
①用310（6股线）做直线绣（参照p.64）
1行
2针
3cm
1.5cm
②塞入填充棉，在钩织终点的针脚里穿线后收紧
头部和复眼的组合方法
①将头部的两端做卷针缝合，连接成环形
头部
（正面）
（正面）
头部
②一边塞入填充棉，一边在头部的两端缝上复眼
0.8cm
复眼
1.3cm
组合方法
背侧
腹侧
②将组合后的头部缝在胸腹部
①将组合后的前翅缝在胸腹部第7行与第8行的交界处
1.5cm
在中足的上一行插入前足
在胸腹部第7行与第8行的交界处插入中足
3.7cm
④在触角的◇部分涂上胶水，插入头部
第8行
第7行
• = 空1针
2针
3行
③在腿部的◇部分涂上胶水，插入胸腹部

胸腹部的针数表

行数	针数	加减针
9	8	−2
8	10	
7	10	+2
6	8	−2
5	10	
4	10	+2
3	8	
2	8	+2
1	6	

复眼的针数表

行数	针数	加针
2	8	+2
1	6	

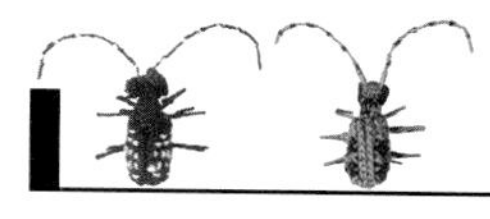

星天牛、琉璃星天牛 图片 | p.10

线 星天牛：DMC 25号刺绣线／黑色（310）…1支，白色（BLANC）、黑色金属线（E310）…各少量 琉璃星天牛：DMC 25号刺绣线／绿色系（3849）…1支，黑色（310）…少量

其他材料 花艺铁丝（白色纸包）／#26…3cm×2根，4cm×4根，#28…5.5cm×2根；填充棉、胶水…各适量

针 钩针2/0号，蕾丝针6号

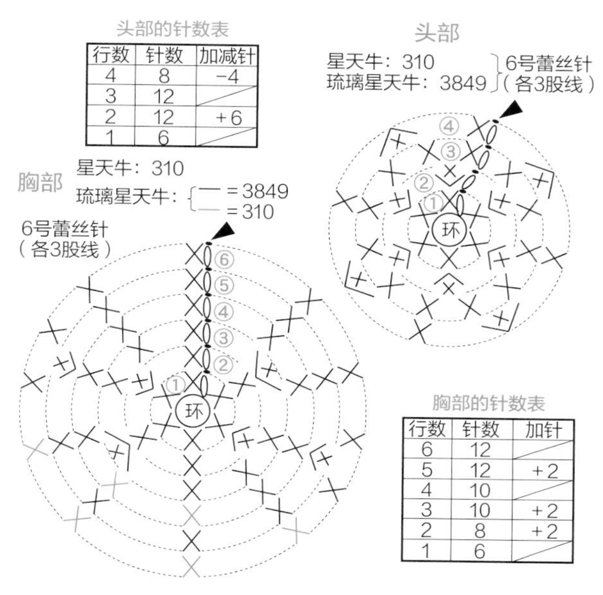

头部
星天牛：310
琉璃星天牛：3849
6号蕾丝针
（各3股线）
胸部
星天牛：310
琉璃星天牛：
= 3849
= 310
6号蕾丝针
（各3股线）
环

头部的针数表

行数	针数	加减针
4	8	-4
3	12	
2	12	+6
1	6	

胸部的针数表

行数	针数	加针
6	12	
5	12	+2
4	10	
3	10	+2
2	8	+2
1	6	

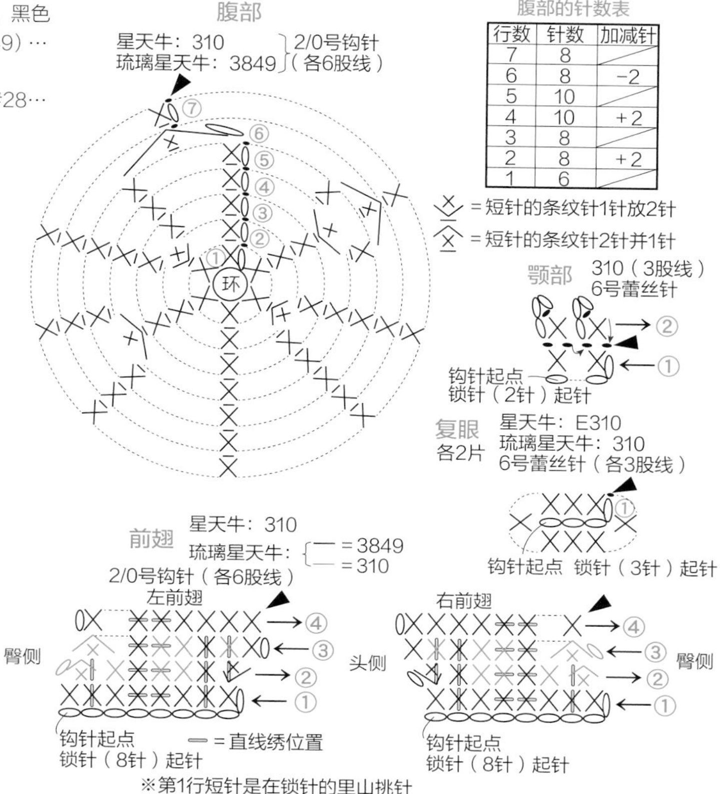

腹部
星天牛：310
琉璃星天牛：3849
2/0号钩针
（各6股线）
环
= 短针的条纹针1针放2针
= 短针的条纹针2针并1针
颚部
310（3股线）
6号蕾丝针
钩针起点
锁针（2针）起针
复眼
各2片
星天牛：E310
琉璃星天牛：310
6号蕾丝针（各3股线）
钩针起点 锁针（3针）起针
前翅
星天牛：310
琉璃星天牛：
= 3849
= 310
2/0号钩针（各6股线）
左前翅
右前翅
臀侧
头侧
臀侧
钩针起点
锁针（8针）起针
= 直线绣位置
钩针起点
锁针（8针）起针

腹部的针数表

行数	针数	加减针
7	8	
6	8	-2
5	10	
4	10	+2
3	8	
2	8	+2
1	6	

※第1行短针是在锁针的里山挑针
※星天牛用白色（BLANC，6股线）做直线绣（参照p.64）
※琉璃星天牛按配色花样钩织（参照p.26“配色线的换线方法”）

腹部、胸部、头部、前翅的组合方法

①在头部、胸部、腹部塞入填充棉

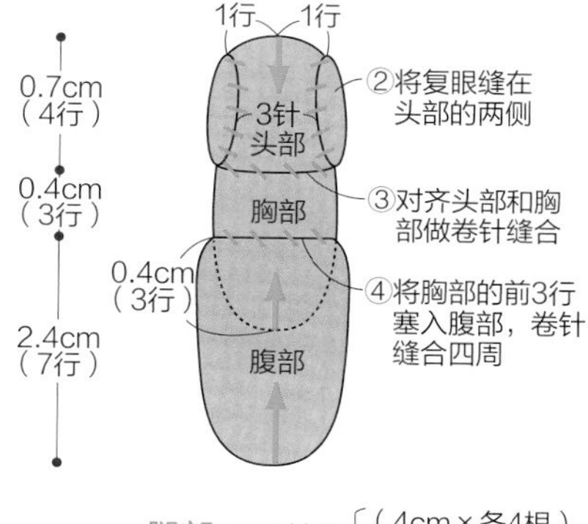

1行
1行
0.7cm
（4行）
3针
头部
②将复眼缝在头部的两侧
0.4cm
（3行）
胸部
③对齐头部和胸部做卷针缝合
0.4cm
（3行）
④将胸部的前3行塞入腹部，卷针缝合四周
2.4cm
（7行）
腹部

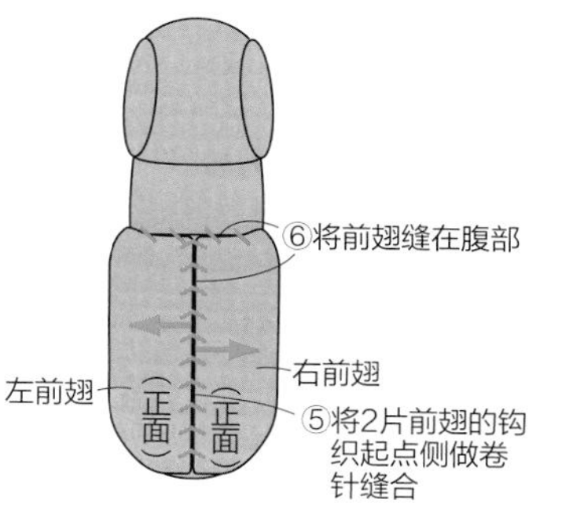

⑥将前翅缝在腹部
右前翅
左前翅
（正面）
（正面）
⑤将2片前翅的钩织起点侧做卷针缝合

组合方法

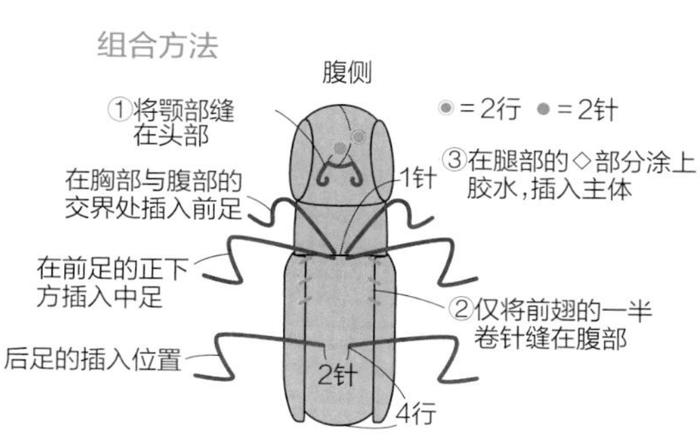

腹侧
①将颚部缝在头部
= 2行
= 2针
③在腿部的◇部分涂上胶水，插入主体
1针
在胸部与腹部的交界处插入前足
在前足的正下方插入中足
②仅将前翅的一半卷针缝在腹部
后足的插入位置
2针
4行

腿部 #26铁丝（4cm×各4根）（3cm×各2根）
星天牛：310
琉璃星天牛：3849（各3股线）

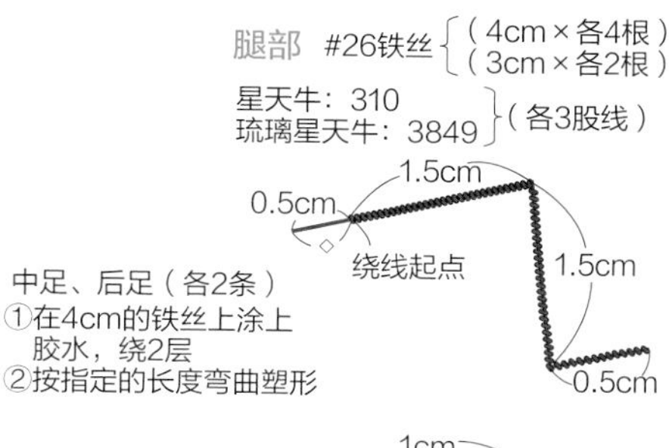

1.5cm
0.5cm
绕线起点
1.5cm
0.5cm

中足、后足（各2条）
①在4cm的铁丝上涂上胶水，绕2层
②按指定的长度弯曲塑形

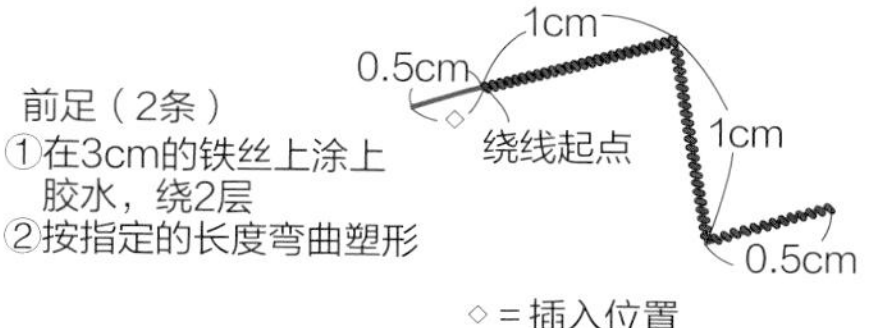

1cm
0.5cm
绕线起点
1cm
0.5cm

前足（2条）
①在3cm的铁丝上涂上胶水，绕2层
②按指定的长度弯曲塑形

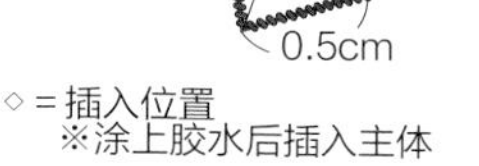
◇=插入位置
※涂上胶水后插入主体

触角 #28铁丝（5.5cm×各2根）
星天牛：310
琉璃星天牛：3849（各3股线）

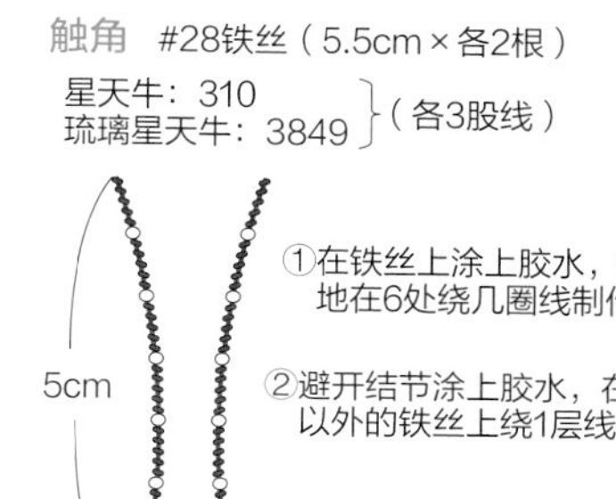
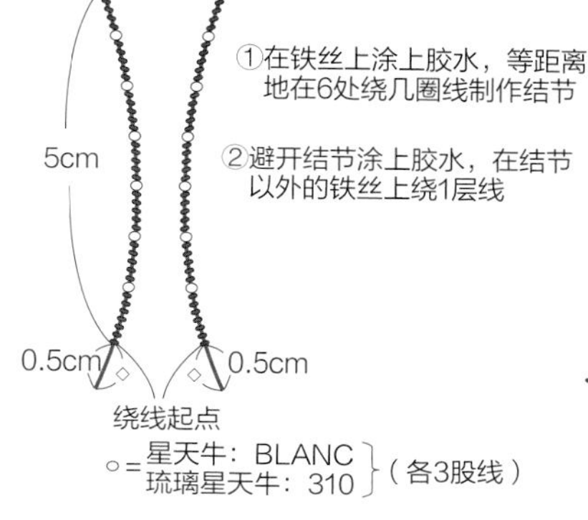

①在铁丝上涂上胶水，等距离地在6处绕几圈线制作结节
②避开结节涂上胶水，在结节以外的铁丝上绕1层线
5cm
0.5cm
0.5cm
绕线起点

○=星天牛：BLANC
琉璃星天牛：310（各3股线）

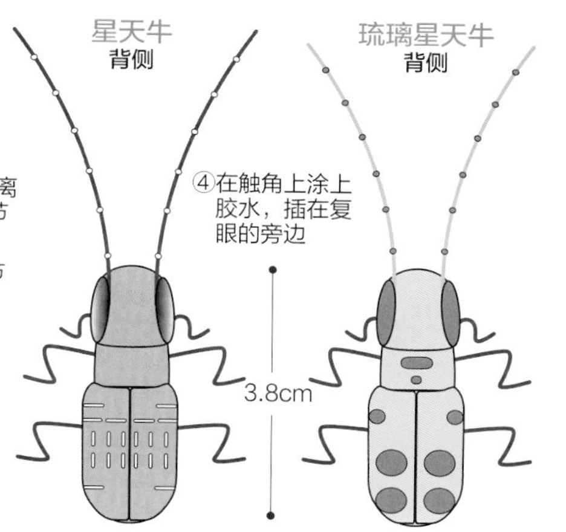

星天牛
背侧
琉璃星天牛
背侧
④在触角上涂上胶水，插在复眼的旁边
3.8cm
1.5cm

七星瓢虫、异色瓢虫 图片 | p.11

线 七星瓢虫：DMC 25号刺绣线／黑色（310）…1.5支，红色系（817）…0.5支，白色系（3865）…少量 异色瓢虫：DMC 25号刺绣线／黑色（310）…1.5支，红色系（350）…0.5支，白色系（3865）…少量

其他材料 和麻纳卡 直插式眼睛3mm／黑色（H221-303-1）…各1组；花艺铁丝（白色纸包）／#24…1.2cm×2根，4.2cm×6根；填充棉、胶水、油性笔（黑色）…各适量

针 蕾丝针0号

斑点
七星瓢虫：310 7片
异色瓢虫：350 2片 
※留出长一点的线头剪断
环
斑点的缝合位置
= 异色瓢虫
= 七星瓢虫
前翅
七星瓢虫：= 817 = 310
异色瓢虫：= 310 = 310 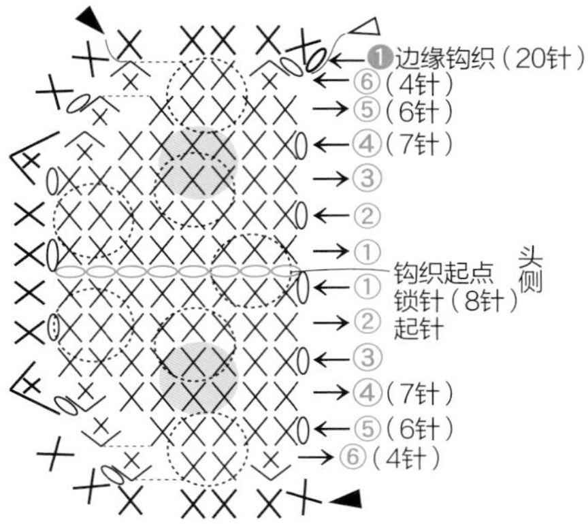
❶边缘钩织（20针）
⑥（4针）
⑤（6针）
④（7针）
③
②
①
钩织起点 锁针（8针）起针
①
②
③
④（7针）
⑤（6针）
⑥（4针）
臀侧
头侧
※第1行的短针是在锁针的半针里挑针
主体背部 = 310 = 3865 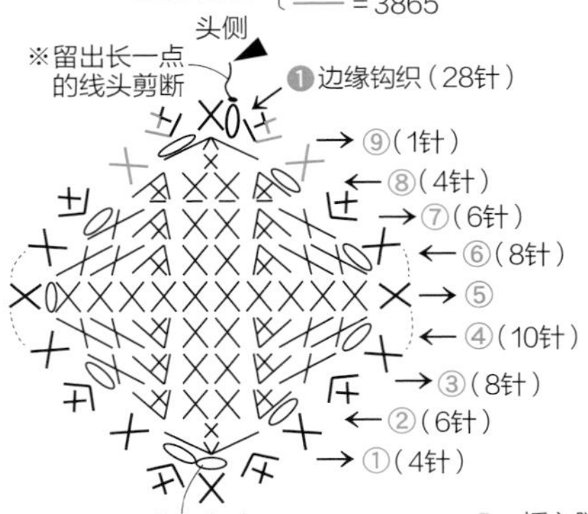
头侧
※留出长一点的线头剪断
❶边缘钩织（28针）
⑨（1针）
⑧（4针）
⑦（6针）
⑥（8针）
⑤
④（10针）
③（8针）
②（6针）
①（4针）
钩织起点 锁针（1针）起针
= 短针1针放4针
= 短针4针并1针
= 条纹针
※在前一行的外侧半针里挑针
主体腹部 = 310 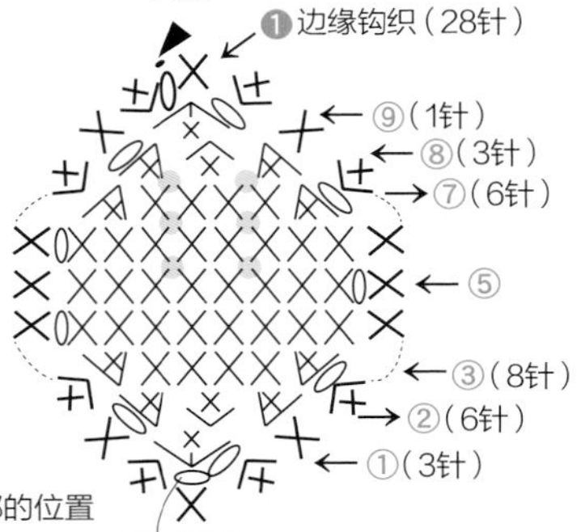
头侧
❶边缘钩织（28针）
⑨（1针）
⑧（3针）
⑦（6针）
⑤
③（8针）
②（6针）
①（3针）
钩织起点 锁针（1针）起针
= 插入腿部的位置
= 短针1针放3针
= 短针3针并1针
（参照p.62）
头部 310 
①
钩织起点 锁针（2针）起针
= 法式结
头部的组合方法
在短针的针脚上用3865（3股线）做法式结（绕2圈）（参照p.64） 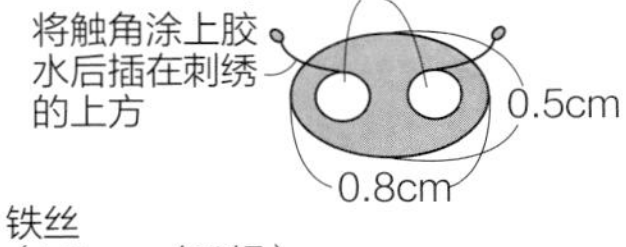
将触角涂上胶水后插在刺绣的上方
0.5cm
0.8cm
触角 铁丝（1.2cm×各2根） 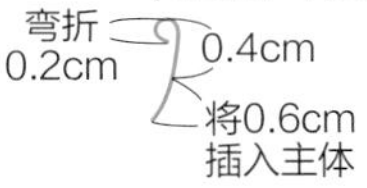
弯折 0.2cm
0.4cm
将0.6cm插入主体
触角用黑色油性笔在铁丝上涂满色
组合方法
①将主体的背部与腹部正面朝外对齐，卷针缝合四周，并在中途塞入填充棉
主体背部（正面）
2.8cm
2.5cm
②将组合后的头部缝在主体上
背部
腹部
③将直插式眼睛涂上胶水后插入头部的两侧
主体背部（正面）
主体腹部（正面）
④用卷针缝将前翅缝在主体背部第7行剩下的半针上
⑤用卷针缝将前翅的臀侧缝在主体的2处
⑥将斑点缝在前翅的指定位置
⑦在腿部插入主体的一侧涂上胶水，然后插入主体腹部的指定位置
七星瓢虫
3.5cm
3.2cm
异色瓢虫
腿部 铁丝（4.2cm×6根）
※左右对称地分别制作3条 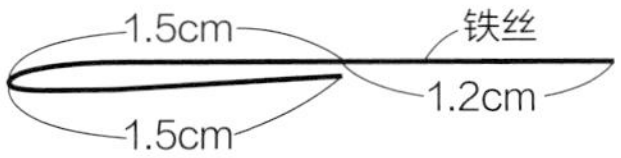
1.5cm
铁丝
1.2cm
1.5cm
①弯折铁丝的一端 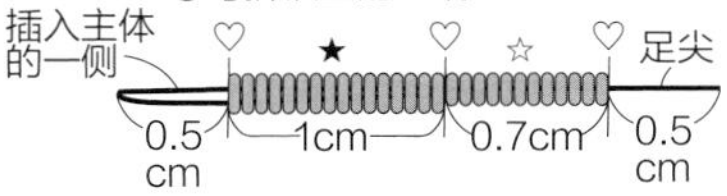
插入主体的一侧
足尖
0.5cm
1cm
0.7cm
0.5cm
②留出插入主体的部分以及足尖部分，用310（6股线）在铁丝上绕线
★ = 用310（6股线）绕3层
☆ = 用310（6股线）绕1层
♡ = 关节位置（弯曲铁丝）
③足尖用黑色油性笔涂色
④弯曲♡位置塑形

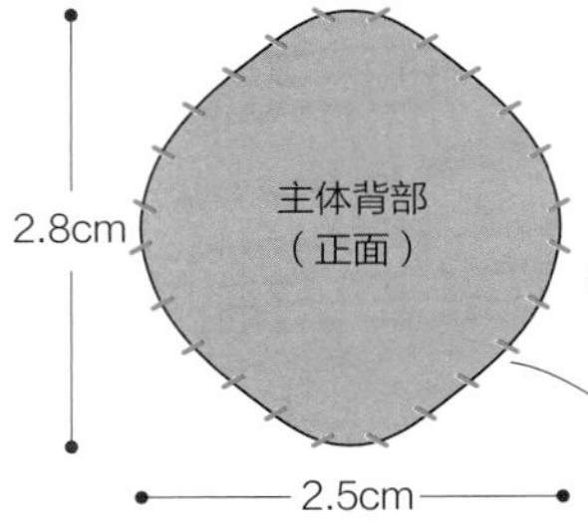

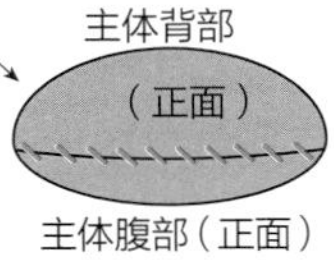

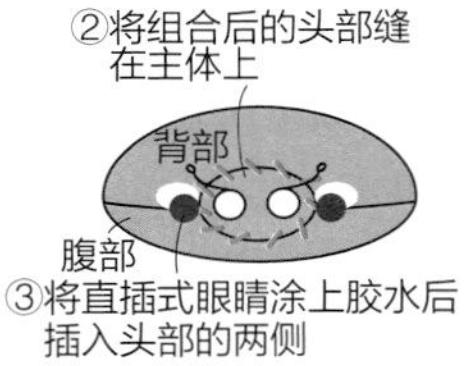

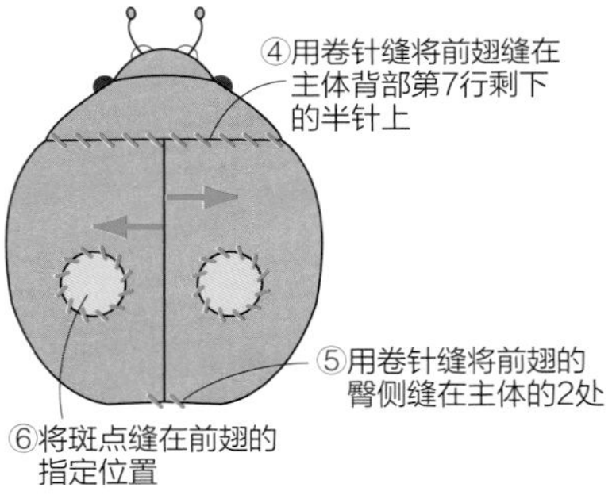

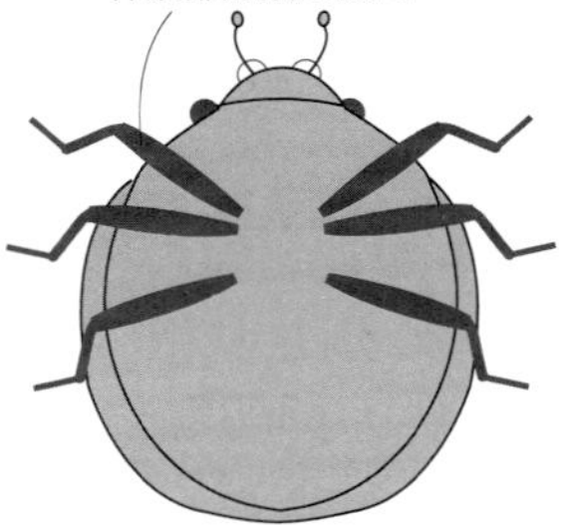

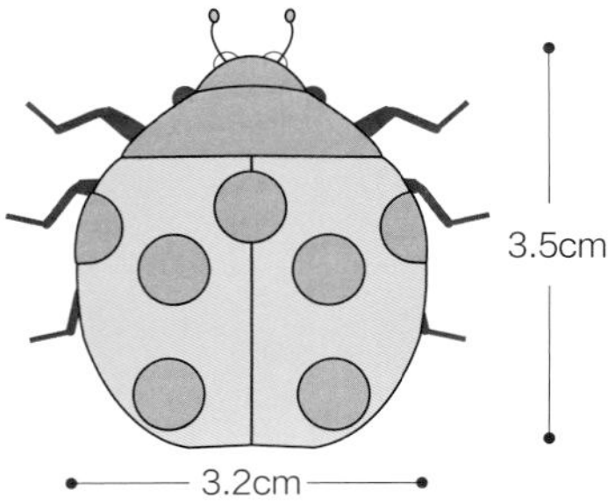

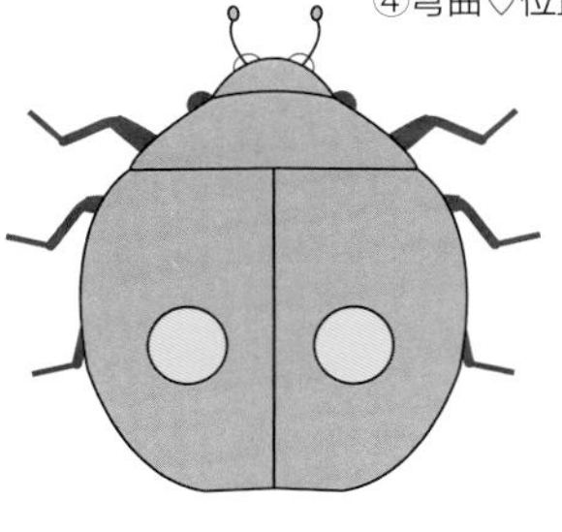

长额负蝗 图片 | p.13

线 雌性（大）：DMC 25号刺绣线／绿色系（704）…1支，黄绿色系（907）…0.5支；雄性（小）：DMC 25号刺绣线／黄绿色系（16）、（907）…各0.5支

其他材料 TOHO大号圆珠（44）／黄绿色…各2颗；花艺铁丝（白色纸包）／#20…雌性：1.7cm、2.7cm、3cm、7.5cm×各2根，雄性：1.2cm、2.2cm、2.5cm、5.5cm×各2根；填充棉、胶水、油性笔（黄绿色）…各适量

针 蕾丝针0号

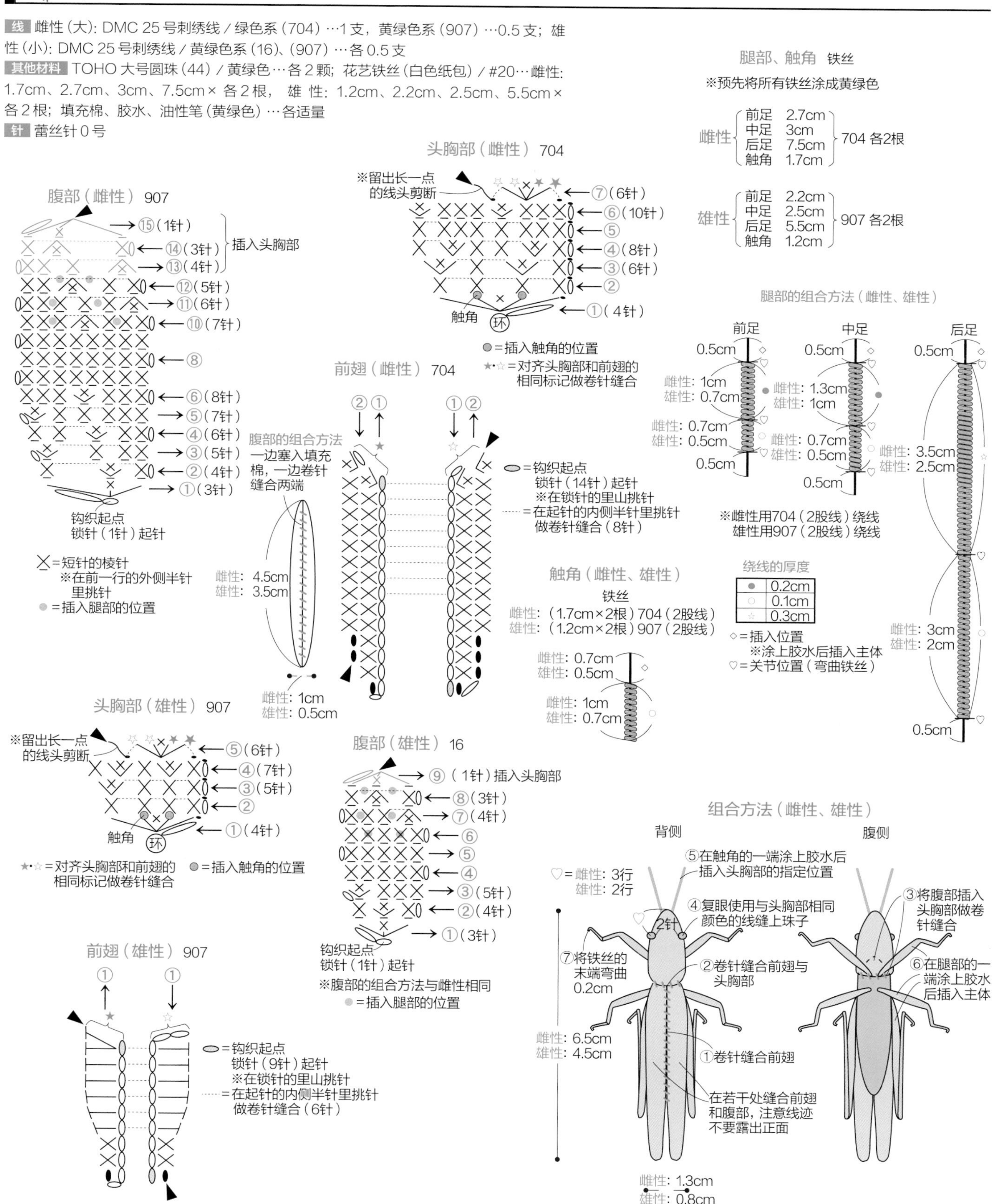

腿部、触角 铁丝
※预先将所有铁丝涂成黄绿色
雌性 前足 2.7cm 中足 3cm 后足 7.5cm 触角 1.7cm 704 各2根
雄性 前足 2.2cm 中足 2.5cm 后足 5.5cm 触角 1.2cm 907 各2根
头胸部（雌性） 704
※留出长一点的线头剪断
⑦（6针）
⑥（10针）
⑤
④（8针）
③（6针）
②
①（4针）
触角
环
●＝插入触角的位置
★·☆＝对齐头胸部和前翅的相同标记做卷针缝合
腹部（雌性） 907
⑮（1针）
⑭（3针）
⑬（4针）
插入头胸部
⑫（5针）
⑪（6针）
⑩（7针）
⑧
⑥（8针）
⑤（7针）
④（6针）
③（5针）
②（4针）
①（3针）
钩织起点
锁针（1针）起针
✕＝短针的棱针
※在前一行的外侧半针里挑针
●＝插入腿部的位置
前翅（雌性） 704
腹部的组合方法
一边塞入填充棉，一边卷针缝合两端
雌性：4.5cm
雄性：3.5cm
雌性：1cm
雄性：0.5cm
⬭＝钩织起点
锁针（14针）起针
※在锁针的里山挑针
……＝在起针的内侧半针里挑针做卷针缝合（8针）
腿部的组合方法（雌性、雄性）
前足
中足
后足
0.5cm
雌性：1cm
雄性：0.7cm
雌性：0.7cm
雄性：0.5cm
雌性：1.3cm
雄性：1cm
雌性：3.5cm
雄性：2.5cm
雌性：3cm
雄性：2cm
※雌性用704（2股线）绕线
雄性用907（2股线）绕线
触角（雌性、雄性）
铁丝
雌性：（1.7cm×2根）704（2股线）
雄性：（1.2cm×2根）907（2股线）
雌性：0.7cm
雄性：0.5cm
绕线的厚度
● 0.2cm
○ 0.1cm
☆ 0.3cm
◇＝插入位置
※涂上胶水后插入主体
♡＝关节位置（弯曲铁丝）
头胸部（雄性） 907
※留出长一点的线头剪断
⑤（6针）
④（7针）
③（5针）
②
①（4针）
触角
环
★·☆＝对齐头胸部和前翅的相同标记做卷针缝合
●＝插入触角的位置
腹部（雄性） 16
⑨（1针）插入头胸部
⑧（3针）
⑦（4针）
⑥
⑤
④
③（5针）
②（4针）
①（3针）
钩织起点
锁针（1针）起针
※腹部的组合方法与雌性相同
●＝插入腿部的位置
前翅（雄性） 907
⬭＝钩织起点
锁针（9针）起针
※在锁针的里山挑针
……＝在起针的内侧半针里挑针做卷针缝合（6针）
组合方法（雌性、雄性）
背侧
腹侧
♡＝雌性：3行
雄性：2行
⑤在触角的一端涂上胶水后插入头胸部的指定位置
④复眼使用与头胸部相同颜色的线缝上珠子
2针
③将腹部插入头胸部做卷针缝合
⑦将铁丝的末端弯曲0.2cm
②卷针缝合前翅与头胸部
⑥在腿部的一端涂上胶水后插入主体
雌性：6.5cm
雄性：4.5cm
①卷针缝合前翅
在若干处缝合前翅和腹部，注意线迹不要露出正面
雌性：1.3cm
雄性：0.8cm

亚洲飞蝗 图片 | p.12

线 DMC 25号刺绣线 / 绿色系（702）、茶色系（3863）…各1支，茶色系（898）、（938）、（3860）、米色系金属线（E436）、茶色系金属线（E898）…各0.5支，红褐色系（356）…少量

其他材料 TOHO 扁胖水滴珠4mm / 黑色…2颗；花艺铁丝（白色纸包）/ #20…9cm × 2根，#24…2.5cm、3.5cm、4.5cm、12cm × 各2根，#26…3cm × 2根；填充棉、胶水…各适量

针 钩针2/0号

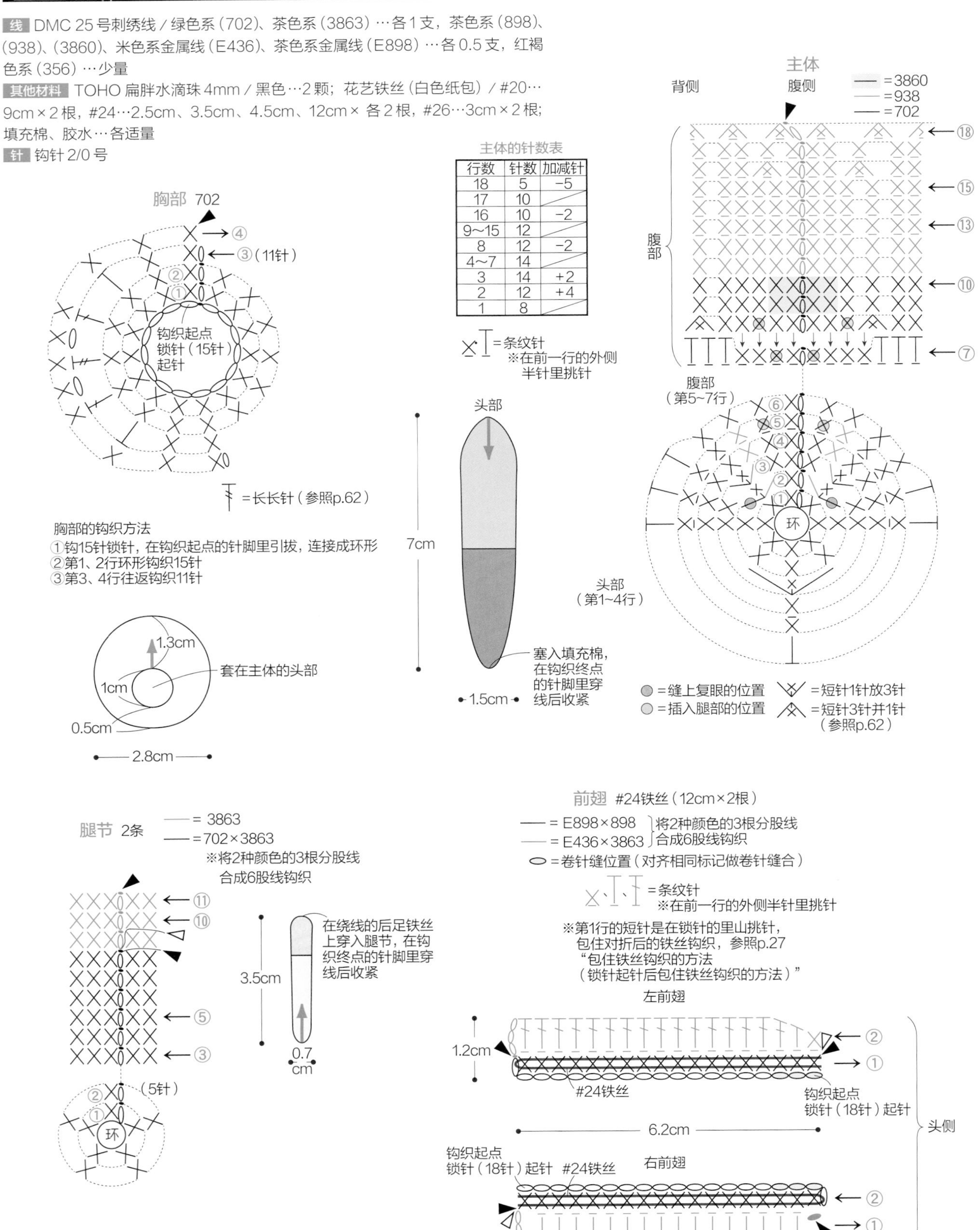

胸部 702
④
③（11针）
②
①
钩织起点
锁针（15针）
起针
=长长针（参照p.62）
胸部的钩织方法
①钩15针锁针，在钩织起点的针脚里引拔，连接成环形
②第1、2行环形钩织15针
③第3、4行往返钩织11针
1.3cm
1cm
0.5cm
套在主体的头部
2.8cm
主体的针数表
=条纹针
※在前一行的外侧
半针里挑针
头部
7cm
1.5cm
塞入填充棉，
在钩织终点
的针脚里穿
线后收紧
主体
背侧
腹侧
=3860
=938
=702
腹部
⑱
⑮
⑬
⑩
⑦
腹部
（第5~7行）
⑥
⑤
④
③
②
①
环
头部
（第1~4行）
=缝上复眼的位置
=插入腿部的位置
=短针1针放3针
=短针3针并1针
（参照p.62）
腿节 2条
= 3863
=702×3863
※将2种颜色的3根分股线
合成6股线钩织
⑪
⑩
⑤
③
（5针）
②
①
环
3.5cm
0.7
cm
在绕线的后足铁丝
上穿入腿节，在钩
织终点的针脚里穿
线后收紧
前翅 #24铁丝（12cm×2根）
= E898×898
= E436×3863
将2种颜色的3根分股线
合成6股线钩织
=卷针缝位置（对齐相同标记做卷针缝合）
=条纹针
※在前一行的外侧半针里挑针
※第1行的短针是在锁针的里山挑针，
包住对折后的铁丝钩织，参照p.27
“包住铁丝钩织的方法
（锁针起针后包住铁丝钩织的方法）”
左前翅
1.2cm
②
①
#24铁丝
钩织起点
锁针（18针）起针
6.2cm
头侧
钩织起点
锁针（18针）起针 #24铁丝
右前翅
②
①

主体的针数表

行数	针数	加减针
18	5	−5
17	10	
16	10	−2
9~15	12	
8	12	−2
4~7	14	
3	14	+2
2	12	+4
1	8	

腿部

前足	#24铁丝	3.5cm	2根	为了便于绕线，铁丝剪得比指定长度再长一点
中足	#24铁丝	4.5cm	2根	
	#24铁丝	2.5cm	2根	
后足	#20铁丝	9cm	2根	

腿部的组合方法

※分别制作2条

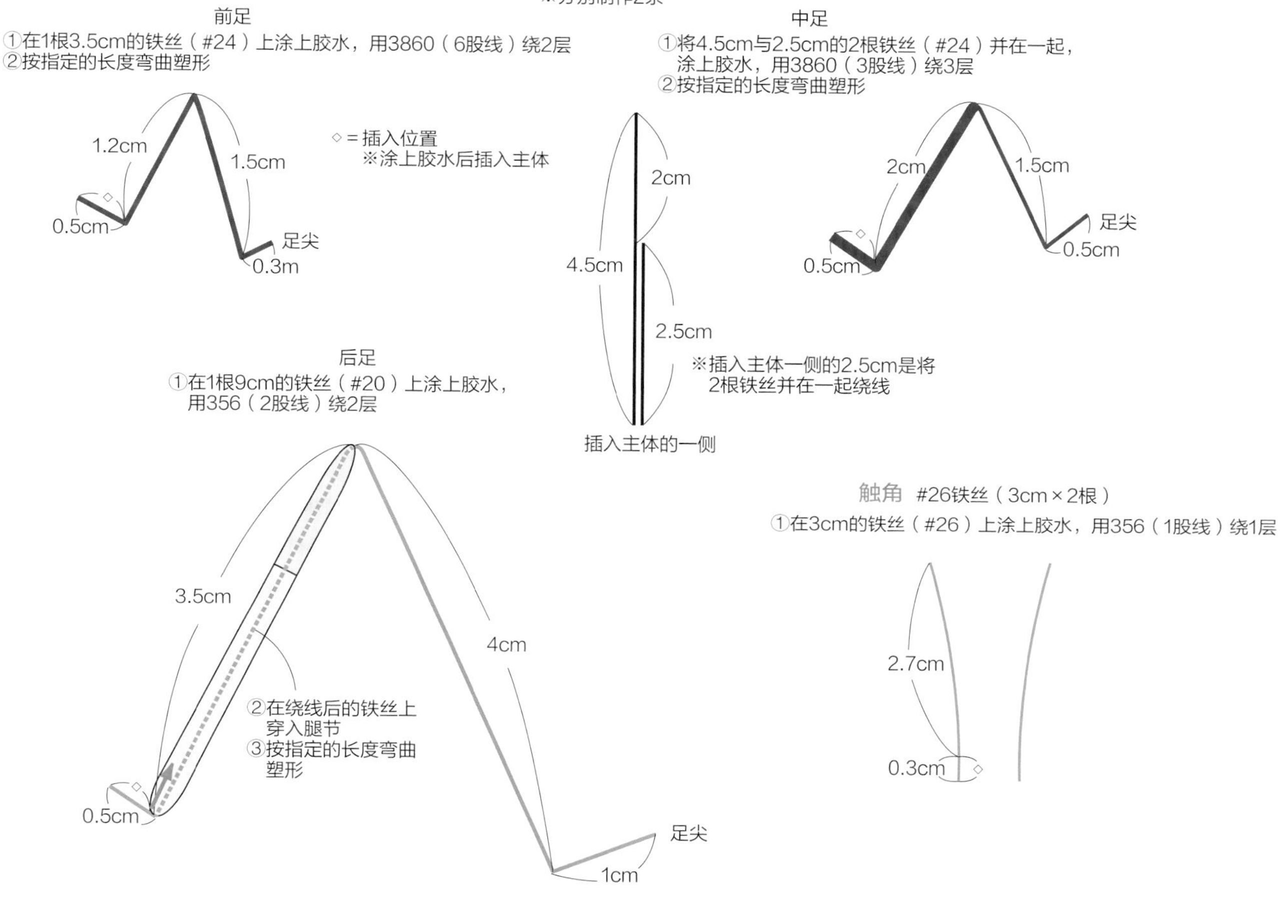

前足
①在1根3.5cm的铁丝（#24）上涂上胶水，用3860（6股线）绕2层
②按指定的长度弯曲塑形
1.2cm
1.5cm
0.5cm
足尖
0.3m
◇＝插入位置
※涂上胶水后插入主体
中足
①将4.5cm与2.5cm的2根铁丝（#24）并在一起，
涂上胶水，用3860（3股线）绕3层
②按指定的长度弯曲塑形
2cm
4.5cm
2.5cm
※插入主体一侧的2.5cm是将
2根铁丝并在一起绕线
插入主体的一侧
2cm
1.5cm
足尖
0.5cm
0.5cm
后足
①在1根9cm的铁丝（#20）上涂上胶水，
用356（2股线）绕2层
3.5cm
4cm
②在绕线后的铁丝上
穿入腿节
③按指定的长度弯曲
塑形
0.5cm
足尖
1cm
触角 #26铁丝（3cm×2根）
①在3cm的铁丝（#26）上涂上胶水，用356（1股线）绕1层
2.7cm
0.3cm

组合方法

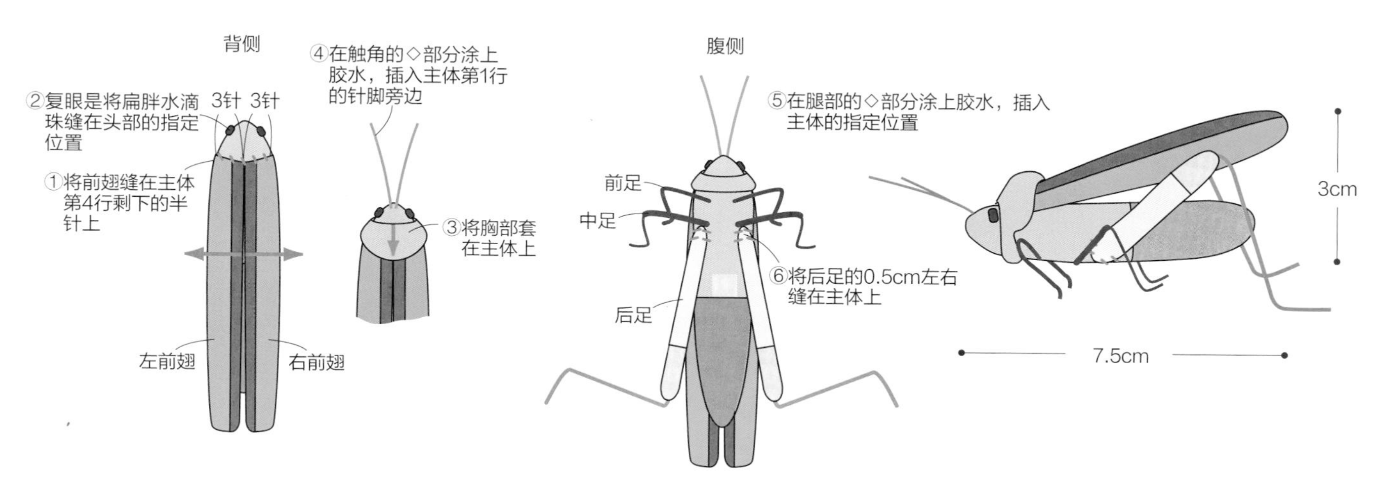

背侧
②复眼是将扁胖水滴
珠缝在头部的指定
位置
3针 3针
①将前翅缝在主体
第4行剩下的半
针上
左前翅
右前翅
④在触角的◇部分涂上
胶水，插入主体第1行
的针脚旁边
③将胸部套
在主体上
腹侧
前足
中足
后足
⑤在腿部的◇部分涂上胶水，插入
主体的指定位置
⑥将后足的0.5cm左右
缝在主体上
3cm
7.5cm

鸣鸣蝉 图片&重点教程 | p.14 & p.30

线 DMC 25号刺绣线／浅黄绿色系（10）、黑色（310）…各1支，涩绿色系（371）、茶色系（938）、绿色系（958）…各0.5支，米色系（712）…少量

其他材料 和麻纳卡 直插式眼睛3.5mm／黑色（H221-335-1）…1组；花艺铁丝（白色纸包）／#24…1.4cm×1根，2.8cm、20cm×各2根，3cm×5根；填充棉、胶水、油性笔（黑色）…各适量

针 蕾丝针0号

主体 ※钩织过程中塞入填充棉

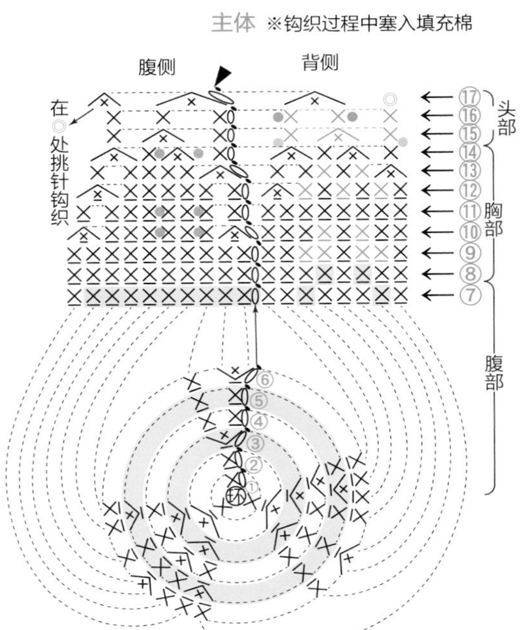

腹侧
背侧
在◎处挑针钩织
⑰
⑯
⑮
⑭
⑬
⑫
⑪
⑩
⑨
⑧
⑦
头部
胸部
腹部
⑥
⑤
④
③
②
①

ㄨ、ㄨ、ㄨ＝条纹针
※在前一行的外侧半针里挑针

● ＝插入触角的位置
● ＝插入腿部的位置
● ＝插入复眼的位置

主体的针数表

行数	针数	加减针
17	3	－3
16	6	
15	6	－2
14	8	－4
13	12	－2
12	14	－2
11	16	
10	16	－2
7～9	18	
6	18	＋3
5	15	＋3
4	12	＋2
3	10	＋5
2	5	＋2
1	3	

主体和翅膀的配色表

主体	—	310
	—	371
	—	958
翅膀		10

触角 1根

①将铁丝剪至1.4cm
②用黑色油性笔在铁丝上涂满色

口器 1根

①将铁丝剪至3cm
②将310和958（各3股线）合成6股线绕1层，绕至1.7cm
③剪掉多余的铁丝

1.7cm
1.2cm
◇＝插入位置
※涂上胶水后插入主体

前足 2条

①将铁丝剪至2.8cm
②用310（6股线）在♥部分绕1层，接着用310×958（各3股线）合成6股线在★部分绕2层

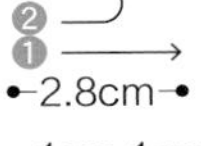

②
①
2.8cm
1cm 1cm

★＝用310×958号线绕2层
♥＝用310号线绕1层
◇＝插入位置
※涂上胶水后插入主体

中足、后足 各2条

①将铁丝剪至3cm
②用310（6股线）在♥部分绕1层，接着用310×958（各3股线）合成6股线在★部分绕2层

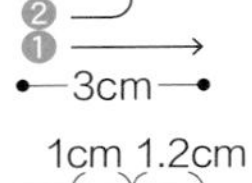

②
①
3cm
1cm 1.2cm

★＝用310×958号线绕2层
♥＝用310号线绕1层
◇＝插入位置
※涂上胶水后插入主体

组合方法

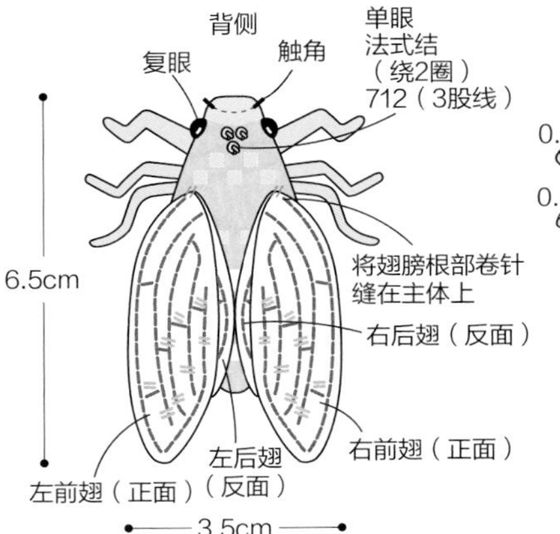

背侧
复眼
触角
单眼法式结（绕2圈）712（3股线）
6.5cm
将翅膀根部卷针缝在主体上
右后翅（反面）
右前翅（正面）
左后翅（反面）
左前翅（正面）
3.5cm

腹侧
0.5cm
口器
1cm
前足
0.6cm
1cm
中足
1cm
0.6cm
后足
（反面）
（正面）
（反面）

※口器参照蝉壳（p.47），用相同方法插入主体

翅膀 2组 ※翅膀参照p.30"翅膀的制作方法"钩织

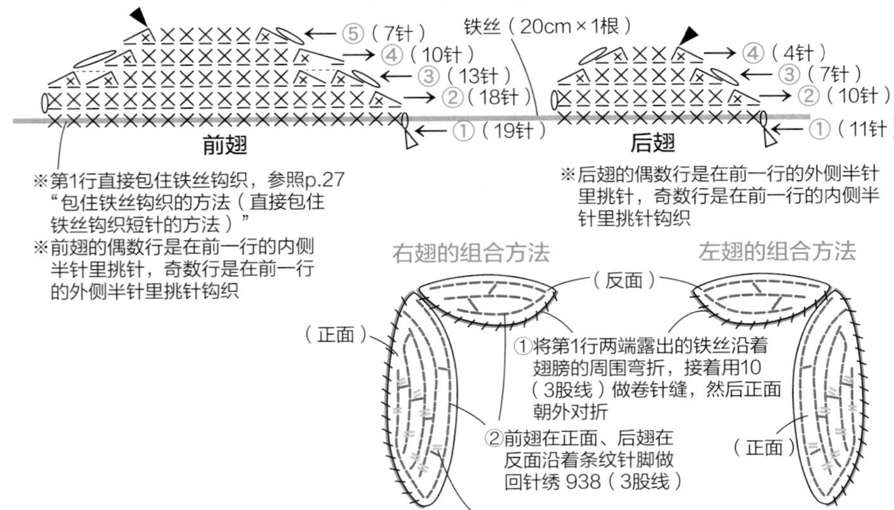

⑤（7针）
④（10针）
③（13针）
②（18针）
①（19针）
铁丝（20cm×1根）
前翅
④（4针）
③（7针）
②（10针）
①（11针）
后翅
右翅的组合方法
左翅的组合方法
（反面）
（正面）
（正面）
①将第1行两端露出的铁丝沿着翅膀的周围弯折，接着用10（3股线）做卷针缝，然后正面朝外对折
②前翅在正面、后翅在反面沿着条纹针脚做回针绣 938（3股线）
③直线绣 371（3股线）

※第1行直接包住铁丝钩织，参照p.27"包住铁丝钩织的方法（直接包住铁丝钩织短针的方法）"
※前翅的偶数行是在前一行的内侧半针里挑针，奇数行是在前一行的外侧半针里挑针钩织

※后翅的偶数行是在前一行的外侧半针里挑针，奇数行是在前一行的内侧半针里挑针钩织

※各刺绣针法参照p.64

组合顺序

①分别钩织主体、右翅、左翅
②在主体塞入填充棉
③将翅膀第1行两端露出的铁丝沿着周围弯折，用10（3股线）做卷针缝
④在翅膀上绣出花纹
⑤将翅膀正面朝外折叠
⑥制作触角、口器、前足、中足、后足
⑦仅将翅膀的根部缝在主体上
⑧复眼是将直插式眼睛涂上胶水后插入指定位置
⑨在复眼之间的下方用法式结在3处绣上单眼
⑩参照p.47"安装口器的方法"，将口器插入主体
⑪将触角插入主体的指定位置，稍稍弯曲
⑫在腿部的◇部分涂上胶水，分别插入主体的指定位置
⑬按指定的长度弯曲腿部塑形

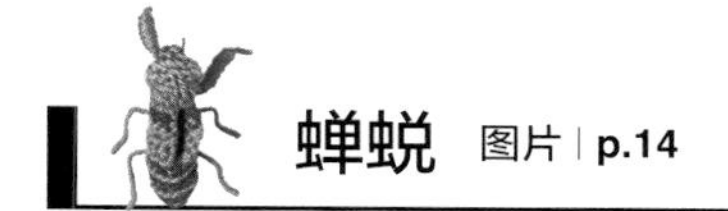

蝉蜕 图片 | p.14

线 DMC 25号刺绣线 / 茶色系（3826）…1支，茶色系（782）、茶色系（898）…各0.5支
其他材料 花艺铁丝（白色纸包）/ #24…2.5cm×1根，3cm×3根，3.4cm×4根；胶水、油性笔（深褐色）…各适量
针 蕾丝针0号

主体的配色表

—	3826
—	898
—	782

主体

前中心

头部 ⑮～⑲（环形钩织）
胸部 ⑨～⑬（往返钩织）背部裂口
腹部 ①～⑧（环形钩织）

主体的针数表

行数	针数	加减针
19	3	−2
18	5	
17	5	−4
16	9	−1
15	10	−4
12～14	14	
11	14	−2
8～10	16	
7	16	+2
6	14	
5	14	+2
4	12	+4
3	8	+3
2	5	+2
1	3	

● = 插入触角的位置
● = 插入腿部的位置

⨯、⩓ = 条纹针
※在前一行的外侧半针里挑针
（第16行）= 4针中长针的枣形针
（参照p.63）

触角 1根

①将铁丝剪至2.5cm
②用深褐色油性笔在铁丝上涂满色

前足 2条

①将铁丝剪至3.4cm
②用3826（6股线）如图所示绕线

3.4cm
0.8cm 1cm 0.8cm

★ = 绕3层
☆ = 绕5层
♥ = 绕1层
◇ = 插入位置
※涂上胶水后插入主体

口器 1根

①将铁丝剪至3cm
②将782（6股线）绕1层，绕至2cm
③剪掉多余的铁丝

2cm
1.5cm

◇ = 插入位置
※涂上胶水后插入主体

中足 2条

①将铁丝剪至3cm
②用3826（6股线）在♥部分绕1层

3cm
2.2cm

◇ = 插入位置
※涂上胶水后插入主体

后足 2条

①将铁丝剪至3.4cm
②用3826（6股线）在♥部分绕1层

3.4cm
2.6cm

◇ = 插入位置
※涂上胶水后插入主体

安装口器的方法 ※p.46鸣鸣蝉也通用

1.5cm
主体
◇ = 0.5cm
2行

①将口器的◇部分涂上胶水，插入主体的最后一行
②等胶水晾干后，连同织物一起翻折至腹侧
③使用与口器相同颜色的线将口器缝在主体上

组合方法

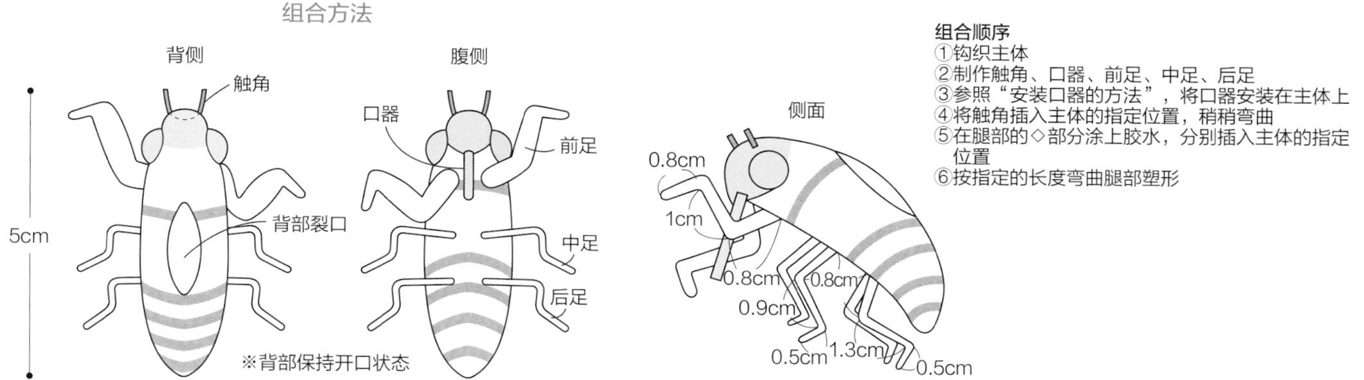

背侧
触角
5cm
背部裂口
※背部保持开口状态
腹侧
口器
前足
中足
后足
侧面
0.8cm
1cm
0.8cm
0.8cm
0.9cm
0.5cm
1.3cm
0.5cm

组合顺序
①钩织主体
②制作触角、口器、前足、中足、后足
③参照“安装口器的方法”，将口器安装在主体上
④将触角插入主体的指定位置，稍稍弯曲
⑤在腿部的◇部分涂上胶水，分别插入主体的指定位置
⑥按指定的长度弯曲腿部塑形

无霸勾蜓 图片 | p.15

图片 | p.15

线 DMC 25号刺绣线／黑色（310）、灰色系（762）…各1支，灰色系（03）、黄色系（307）、绿色系（700）…各0.5支

其他材料 花艺铁丝（白色纸包）／#20…12cm×1根，#24…6cm×3根，15cm、16cm×各2根；填充棉、胶水…各适量

针 蕾丝针0号

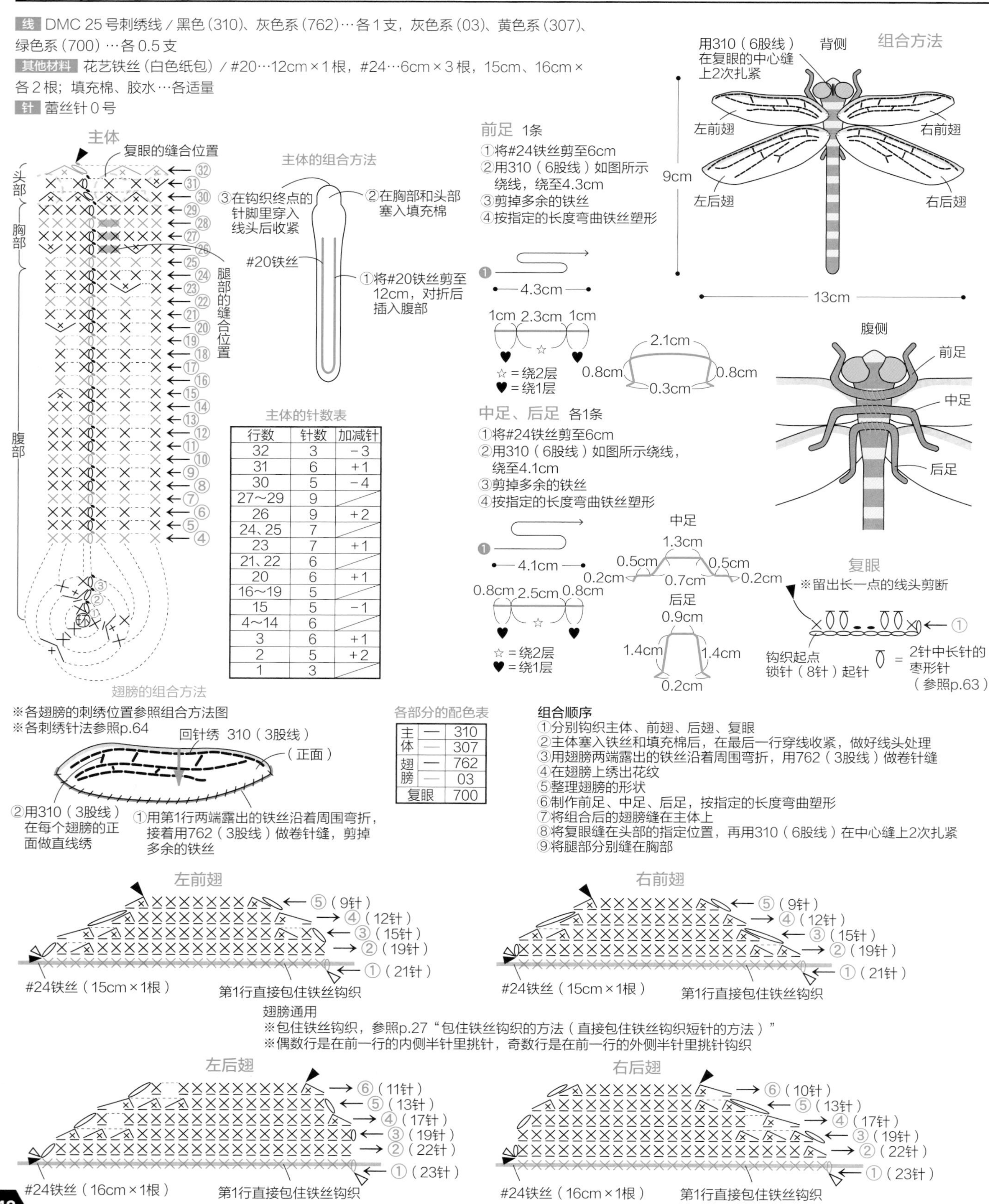

主体
复眼的缝合位置
头部
胸部
腹部
腿部的缝合位置
主体的组合方法
③在钩织终点的针脚里穿入线头后收紧
②在胸部和头部塞入填充棉
#20铁丝
①将#20铁丝剪至12cm，对折后插入腹部
前足 1条
①将#24铁丝剪至6cm
②用310（6股线）如图所示绕线，绕至4.3cm
③剪掉多余的铁丝
④按指定的长度弯曲铁丝塑形
4.3cm
1cm 2.3cm 1cm
☆＝绕2层
♥＝绕1层
2.1cm
0.8cm
0.3cm
0.8cm
中足、后足 各1条
①将#24铁丝剪至6cm
②用310（6股线）如图所示绕线，绕至4.1cm
③剪掉多余的铁丝
④按指定的长度弯曲铁丝塑形
4.1cm
0.8cm 2.5cm 0.8cm
☆＝绕2层
♥＝绕1层
中足
1.3cm
0.5cm
0.5cm
0.2cm
0.7cm
0.2cm
后足
0.9cm
1.4cm
1.4cm
0.2cm
用310（6股线）在复眼的中心缝上2次扎紧
背侧
组合方法
左前翅
右前翅
左后翅
右后翅
9cm
13cm
腹侧
前足
中足
后足
复眼
※留出长一点的线头剪断
钩织起点锁针（8针）起针
＝2针中长针的枣形针（参照p.63）
翅膀的组合方法
※各翅膀的刺绣位置参照组合方法图
※各刺绣针法参照p.64
回针绣 310（3股线）
（正面）
②用310（3股线）在每个翅膀的正面做直线绣
①用第1行两端露出的铁丝沿着周围弯折，接着用762（3股线）做卷针缝，剪掉多余的铁丝
左前翅
⑤（9针）
④（12针）
③（15针）
②（19针）
①（21针）
#24铁丝（15cm×1根）
第1行直接包住铁丝钩织
右前翅
⑤（9针）
④（12针）
③（15针）
②（19针）
①（21针）
#24铁丝（15cm×1根）
第1行直接包住铁丝钩织
翅膀通用
※包住铁丝钩织，参照p.27“包住铁丝钩织的方法（直接包住铁丝钩织短针的方法）”
※偶数行是在前一行的内侧半针里挑针，奇数行是在前一行的外侧半针里挑针钩织
左后翅
⑥（11针）
⑤（13针）
④（17针）
③（19针）
②（22针）
①（23针）
#24铁丝（16cm×1根）
第1行直接包住铁丝钩织
右后翅
⑥（10针）
⑤（13针）
④（17针）
③（19针）
②（22针）
①（23针）
#24铁丝（16cm×1根）
第1行直接包住铁丝钩织

主体的针数表

行数	针数	加减针
32	3	－3
31	6	＋1
30	5	－4
27～29	9	
26	9	＋2
24、25	7	
23	7	＋1
21、22	6	
20	6	＋1
16～19	5	
15	5	－1
4～14	6	
3	6	＋1
2	5	＋2
1	3	

各部分的配色表

主体	—	310
	—	307
翅膀	—	762
	—	03
复眼		700

组合顺序

①分别钩织主体、前翅、后翅、复眼
②主体塞入铁丝和填充棉后，在最后一行穿线收紧，做好线头处理
③用翅膀两端露出的铁丝沿着周围弯折，用762（3股线）做卷针缝
④在翅膀上绣出花纹
⑤整理翅膀的形状
⑥制作前足、中足、后足，按指定的长度弯曲塑形
⑦将组合后的翅膀缝在主体上
⑧将复眼缝在头部的指定位置，再用310（6股线）在中心缝上2次扎紧
⑨将腿部分别缝在胸部

菜粉蝶、斑缘豆粉蝶

线 菜粉蝶：DMC 25 号刺绣线 / 白色系（3865）…1 支，黑色（310）、茶色系（3031）…各 0.5 支，浅绿色系（369）…少量 斑缘豆粉蝶：DMC 25 号刺绣线 / 黄色系（726）…1 支，黑色（310）、茶色系（801）…各 0.5 支，黄绿色系（16）、橘黄色系（742）…各少量

其他材料 花艺铁丝（白色纸包）/ #24…2cm、2.5cm、4cm × 各 1 根，3cm × 2 根；填充棉、胶水、油性笔（黑色）…各适量，斑缘豆粉蝶：油性笔（粉红色）…适量

针 钩针 2/0 号

翅膀和主体的配色表

		菜粉蝶	斑缘豆粉蝶
翅膀	—	3865	726
	—		801
	—	3031	
主体	—	3865	726
	—	310	310
	—		742

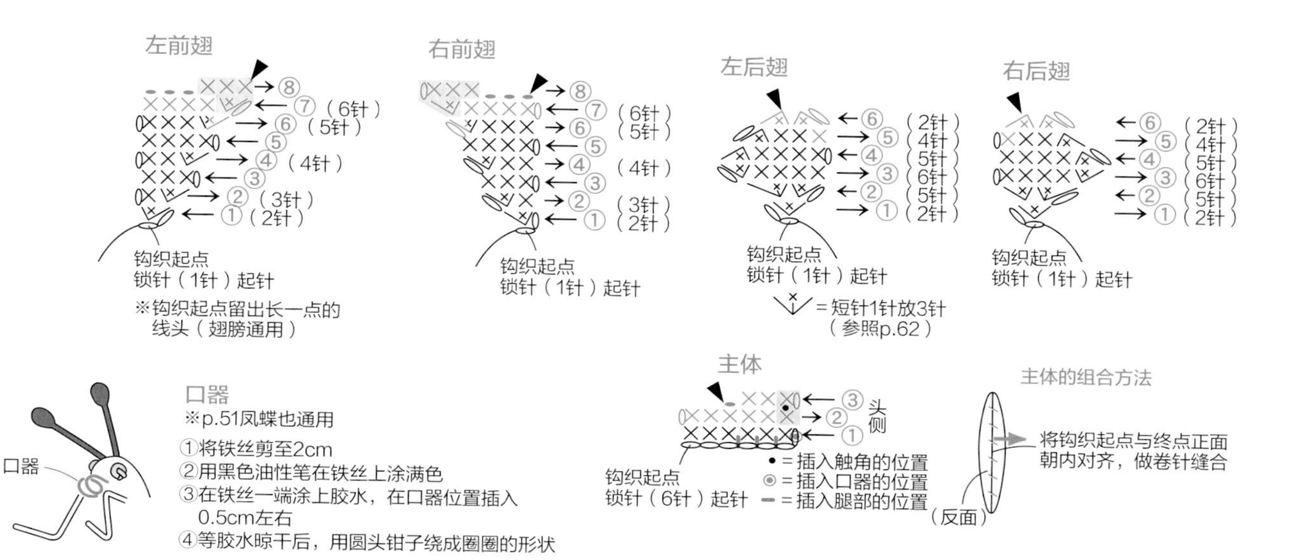
左前翅
右前翅
左后翅
右后翅
钩织起点
锁针（1针）起针
※钩织起点留出长一点的线头（翅膀通用）
= 短针1针放3针（参照p.62）
口器
※p.51凤蝶也通用
①将铁丝剪至2cm
②用黑色油性笔在铁丝上涂满色
③在铁丝一端涂上胶水，在口器位置插入0.5cm左右
④等胶水晾干后，用圆头钳子绕成圈圈的形状
主体
头侧
钩织起点
锁针（6针）起针
● = 插入触角的位置
◉ = 插入口器的位置
▬ = 插入腿部的位置
主体的组合方法
将钩织起点与终点正面朝内对齐，做卷针缝合
（反面）

腿部

※p.51凤蝶按（ ）内的尺寸用相同方法制作

①准备铁丝，3cm（5cm）× 2根，4cm（6cm）× 1根

②斑缘豆粉蝶用粉红色油性笔在①上浅浅地涂色，菜粉蝶直接使用白色铁丝（凤蝶用黑色油性笔涂色）

③用粗一点的缝针在主体插入腿部的位置戳大针孔，分别插入②的铁丝

前足 3cm（5cm）
中足 3cm（5cm）
后足 4cm（6cm）

④用钳子向上弯折铁丝的根部，再按指定的长度弯曲塑形

⑤分别在根部涂上胶水定型

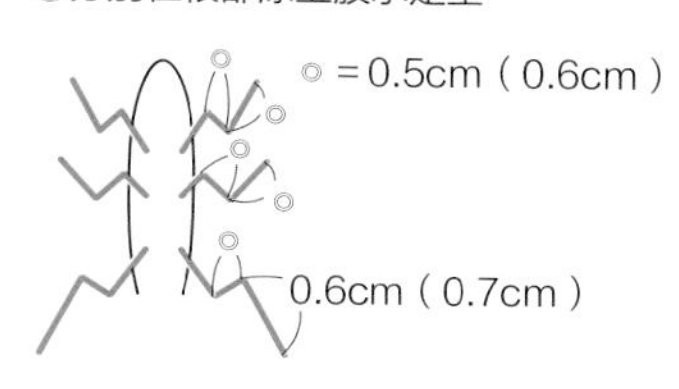
= 0.5cm（0.6cm）
0.6cm（0.7cm）

触角

※参照p.51凤蝶，用相同方法制作。

※各刺绣针法参照p.64

※参照p.51“组合顺序”，用相同方法进行组合

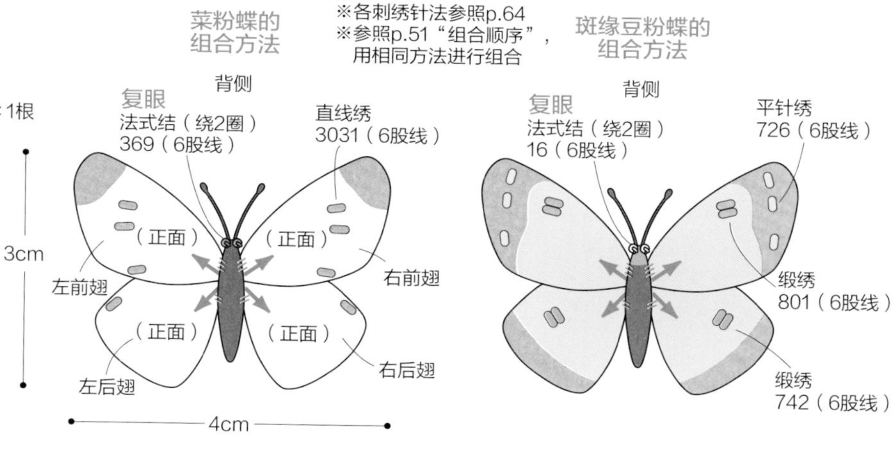
菜粉蝶的组合方法
背侧
复眼
法式结（绕2圈）
369（6股线）
直线绣
3031（6股线）
（正面）
左前翅
右前翅
左后翅
右后翅
3cm
4cm
斑缘豆粉蝶的组合方法
背侧
复眼
法式结（绕2圈）
16（6股线）
平针绣
726（6股线）
缎绣
801（6股线）
缎绣
742（6股线）

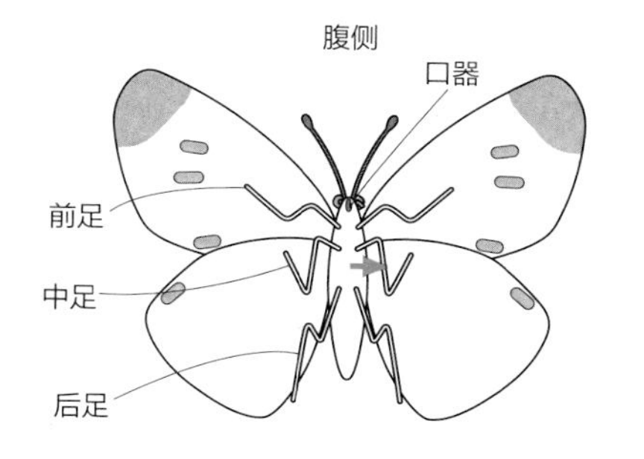
腹侧
口器
前足
中足
后足

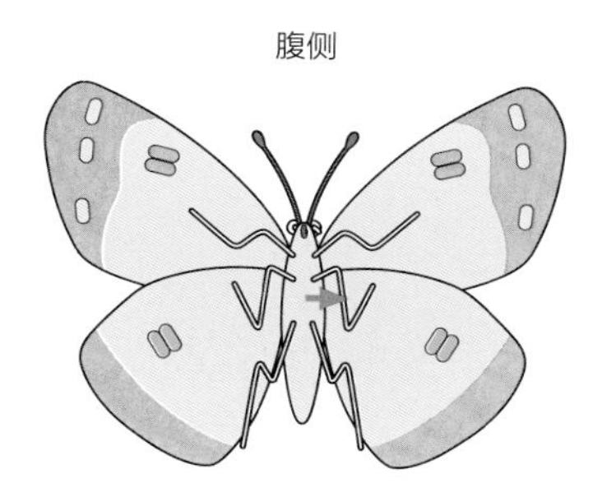
腹侧

凤蝶幼虫 图片 | p.16

线 DMC 25号刺绣线／绿色系（703）…1支，白色（BLANC）、黑色（310）、红色系（666）、黄色系（973）、绿色系（986）…各少量

其他材料 花艺铁丝（白色纸包）／#24…3cm×3根；填充棉、胶水、油性笔（黄绿色）…各适量

针 钩针 2/0号

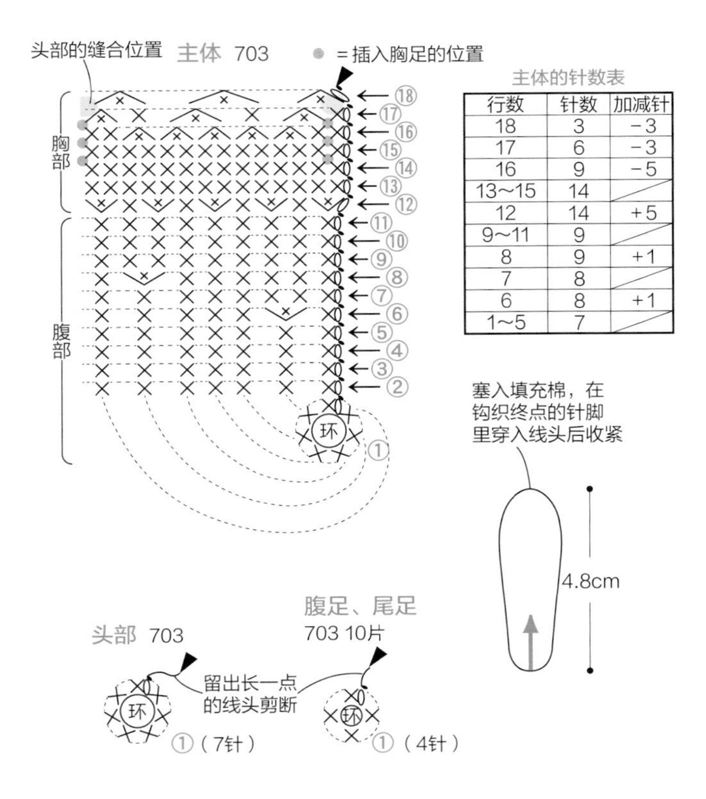

头部的缝合位置
主体 703
● ＝插入胸足的位置
胸部
腹部
环
塞入填充棉，在钩织终点的针脚里穿入线头后收紧
4.8cm
头部 703
腹足、尾足
703 10片
留出长一点的线头剪断
①（7针）
①（4针）

主体的针数表

行数	针数	加减针
18	3	－3
17	6	－3
16	9	－5
13～15	14	
12	14	＋5
9～11	9	
8	9	＋1
7	8	
6	8	＋1
1～5	7	

胸足

①准备3根3cm的铁丝

②用黄绿色油性笔在①的铁丝上涂色

③用粗一点的缝针在主体插入胸足的位置戳大针孔

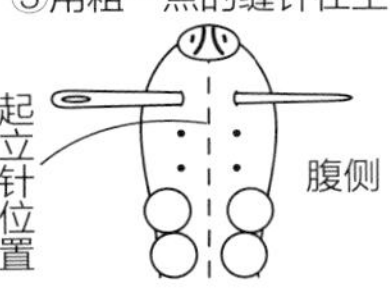

起立针位置
腹侧

④分别插入②的铁丝

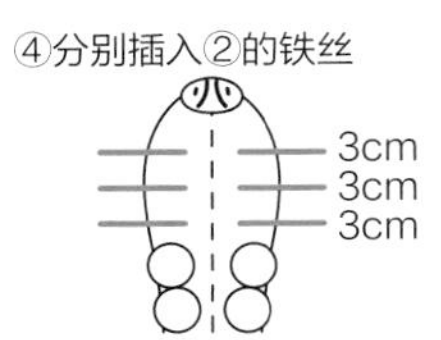

3cm
3cm
3cm

⑤用钳子向上弯折铁丝的根部

⑥剪短至0.2cm，分别在铁丝的根部涂上胶水定型

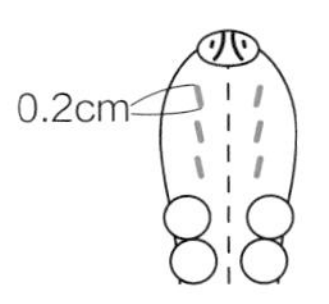

0.2cm

※各刺绣针法参照p.64

组合方法

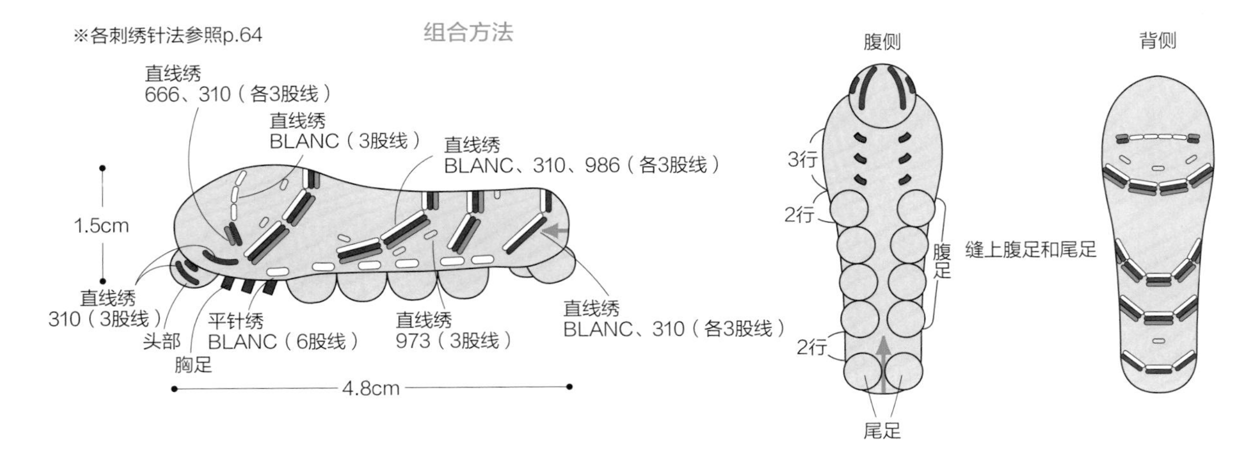

直线绣
666、310（各3股线）
直线绣
BLANC（3股线）
直线绣
BLANC、310、986（各3股线）
1.5cm
直线绣
310（3股线）
头部
胸足
平针绣
BLANC（6股线）
直线绣
973（3股线）
直线绣
BLANC、310（各3股线）
4.8cm
腹侧
背侧
3行
2行
腹足
缝上腹足和尾足
2行
尾足

组合顺序

①分别钩织主体、头部、腹足、尾足

②在主体塞入填充棉，在钩织终点的针脚里穿入线头后收紧

③将头部缝在主体的指定位置

④将腹足和尾足缝在主体上

⑤将胸足插入主体

⑥在头部和主体的背侧刺绣

凤蝶 图片 | p.17

线 DMC 25号刺绣线 / 黄色系（745）…2支，黑色（310）…1.5支，橘黄色系（741）、蓝色系（3760）…各少量

其他材料 花艺铁丝（白色纸包）/ #24…2cm、6cm × 各1根，5cm × 3根；填充棉、胶水、油性笔（黑色）…各适量

针 钩针2/0号

触角

※菜粉蝶、斑缘豆粉蝶也通用

①将铁丝剪至5cm（菜粉蝶、斑缘豆粉蝶剪至2.5cm）

②用黑色油性笔在①的铁丝上涂色

③用粗一点的缝针在主体插入触角的位置戳大针孔，插入②的铁丝

④用钳子向上弯折铁丝的根部

⑤在两端涂上胶水，用310（6股线）绕6圈，再涂上胶水定型

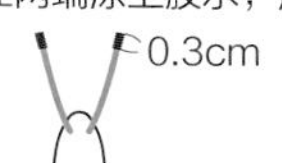

0.3cm

⑥在根部涂上胶水定型

翅膀和主体的配色表

翅膀	—	310
	—	745
主体		745

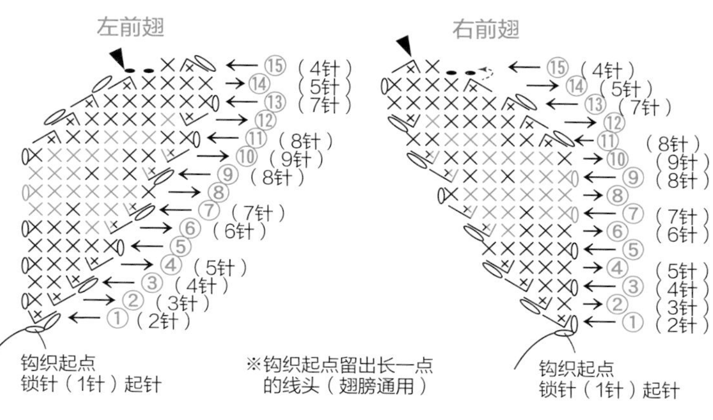

左前翅
⑮（4针）
⑭（5针）
⑬（7针）
⑫
⑪（8针）
⑩（9针）
⑨（8针）
⑧
⑦（7针）
⑥（6针）
⑤
④（5针）
③（4针）
②（3针）
①（2针）
钩织起点
锁针（1针）起针
※钩织起点留出长一点的线头（翅膀通用）
右前翅
⑮（4针）
⑭（5针）
⑬（7针）
⑫
⑪（8针）
⑩（9针）
⑨（8针）
⑧
⑦（7针）
⑥（6针）
⑤
④（5针）
③（4针）
②（3针）
①（2针）
钩织起点
锁针（1针）起针

主体

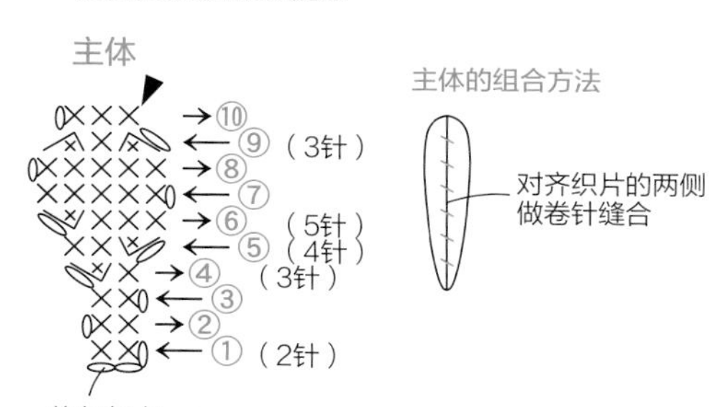

⑩
⑨（3针）
⑧
⑦
⑥（5针）
⑤（4针）
④（3针）
③
②
①（2针）
钩织起点
锁针（2针）起针
主体的组合方法
对齐织片的两侧
做卷针缝合

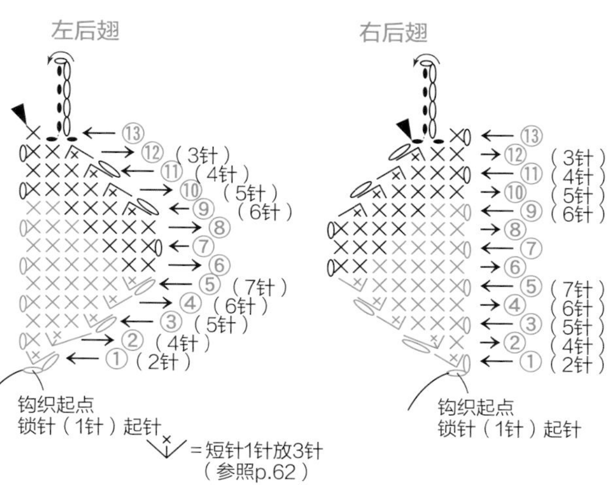

左后翅
⑬
⑫（3针）
⑪（4针）
⑩（5针）
⑨（6针）
⑧
⑦
⑥
⑤（7针）
④（6针）
③（5针）
②（4针）
①（2针）
钩织起点
锁针（1针）起针
=短针1针放3针
（参照p.62）
右后翅
⑬
⑫（3针）
⑪（4针）
⑩（5针）
⑨（6针）
⑧
⑦
⑥
⑤（7针）
④（6针）
③（5针）
②（4针）
①（2针）
钩织起点
锁针（1针）起针

组合方法

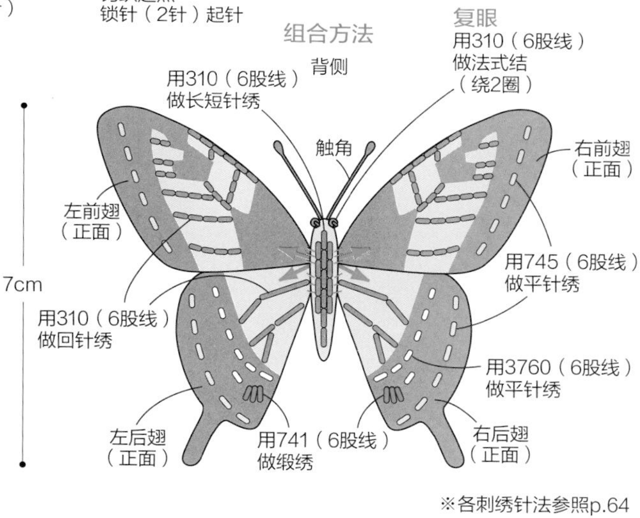

背侧
复眼
用310（6股线）
做法式结
（绕2圈）
用310（6股线）
做长短针绣
触角
右前翅
（正面）
左前翅
（正面）
7cm
用745（6股线）
做平针绣
用310（6股线）
做回针绣
用3760（6股线）
做平针绣
左后翅
（正面）
用741（6股线）
做锻绣
右后翅
（正面）
8cm

※各刺绣针法参照p.64

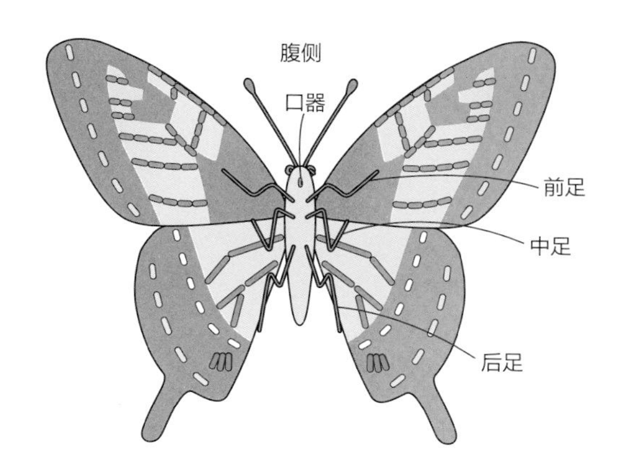

腹侧
口器
前足
中足
后足

腿部

※参照p.49菜粉蝶、斑缘豆粉蝶，用相同方法制作

组合顺序

①分别钩织前翅、后翅、主体
②对齐主体织片的两侧做卷针缝合
③在组合后的主体上插入触角和腿部，再绣上复眼
④在前翅和后翅的正面刺绣
⑤用钩织起点留出的线头将前翅和后翅均衡地缝在主体上
⑥将口器涂上胶水插入主体的指定位置
⑦在主体的背侧刺绣

熊蜂 图片&重点教程 | p.18 & p.30

线 DMC 25号刺绣线／黑色（310）…1支，橘黄色系（742）、米色系（ECRU）…各0.5支，茶色系（938）…少量

其他材料 磨砂木珠4mm／深褐色…2颗；花艺铁丝（白色纸包）／#20…6cm×1根，#24…5cm×2根，#28…2cm×1根，3.5cm×2根；填充棉、胶水、油性笔（黑色）…各适量

针 钩针2/0号，蕾丝针0号

※除指定以外均用2/0号钩针钩织

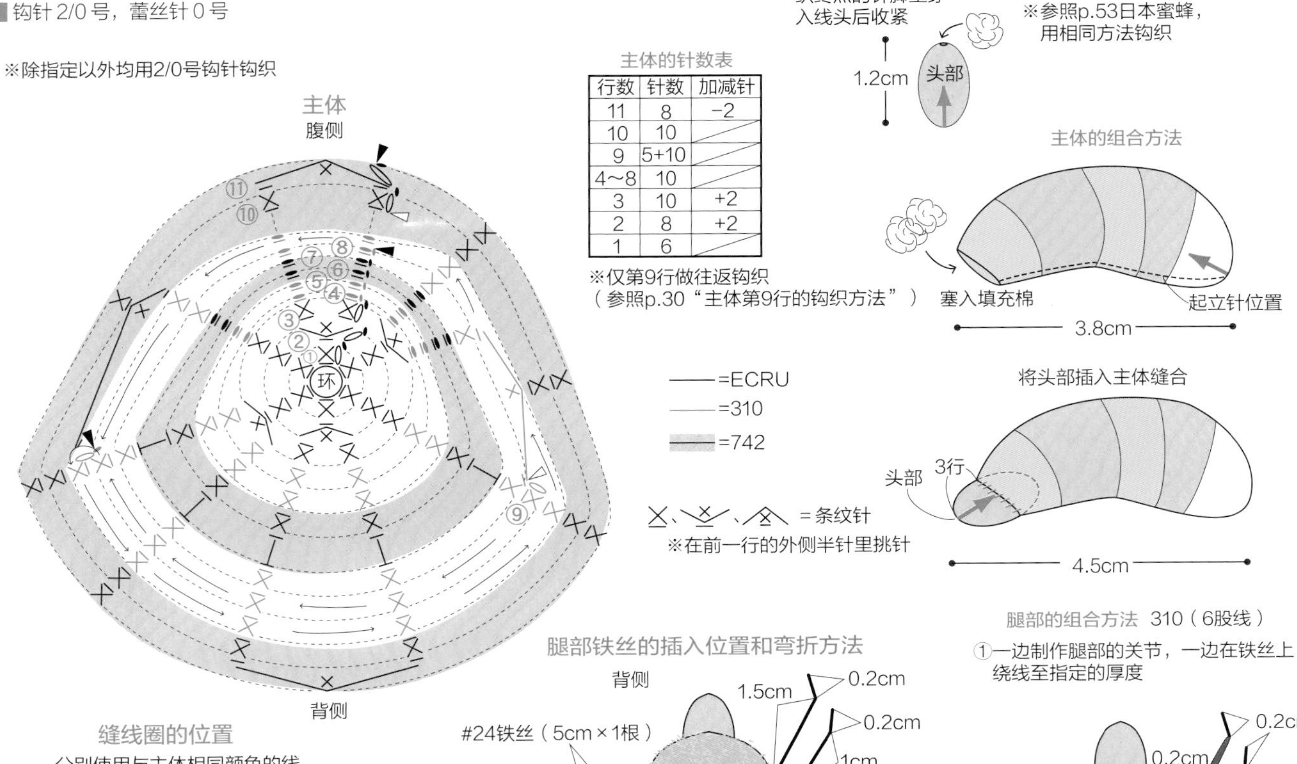

主体
腹侧
背侧
⑪
⑩
⑨
⑧
⑦
⑥
⑤
④
③
②
①
环
塞入填充棉，在钩织终点的针脚里穿入线头后收紧
头部
※参照p.53日本蜜蜂，用相同方法钩织
1.2cm
头部
主体的组合方法
塞入填充棉
起立针位置
3.8cm
=ECRU
=310
=742
将头部插入主体缝合
头部
3行
4.5cm
=条纹针
※在前一行的外侧半针里挑针
腿部铁丝的插入位置和弯折方法
背侧
#24铁丝（5cm×1根）
前足
中足
后足
#20铁丝（6cm×1根）
如图所示将铁丝插入主体，弯曲左右两端的铁丝制作腿部的形状
1.5cm
0.2cm
0.2cm
1cm
0.3cm
0.5cm
2cm
1.2cm
0.3cm

主体的针数表

行数	针数	加减针
11	8	−2
10	10	
9	5+10	
4～8	10	
3	10	+2
2	8	+2
1	6	

※仅第9行做往返钩织
（参照p.30“主体第9行的钩织方法”）

腿部的组合方法 310（6股线）

①一边制作腿部的关节，一边在铁丝上绕线至指定的厚度

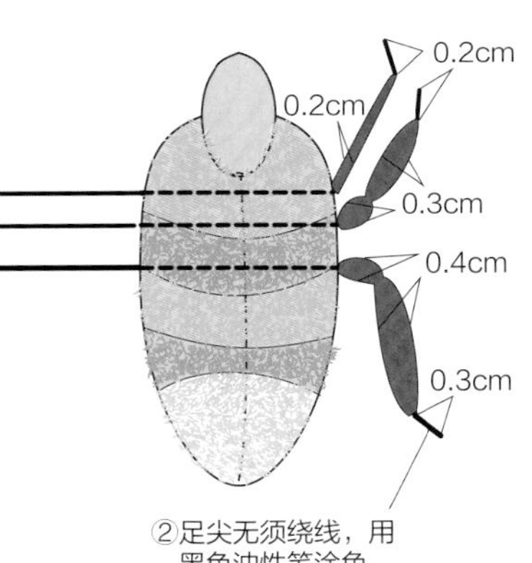

0.2cm
0.2cm
0.3cm
0.4cm
0.3cm
②足尖无须绕线，用黑色油性笔涂色

缝线圈的位置

分别使用与主体相同颜色的线，在整个主体上缝上线圈
（参照p.30“线圈的缝法”）

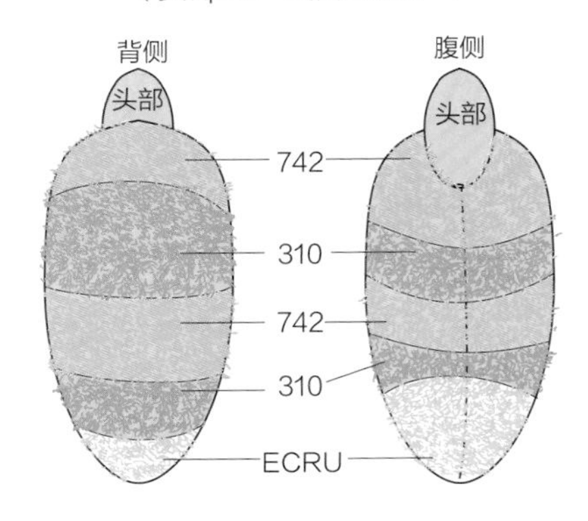

背侧
腹侧
头部
头部
742
310
742
310
ECRU

翅膀 2片

※参照p.53日本蜜蜂，用相同方法钩织、组合

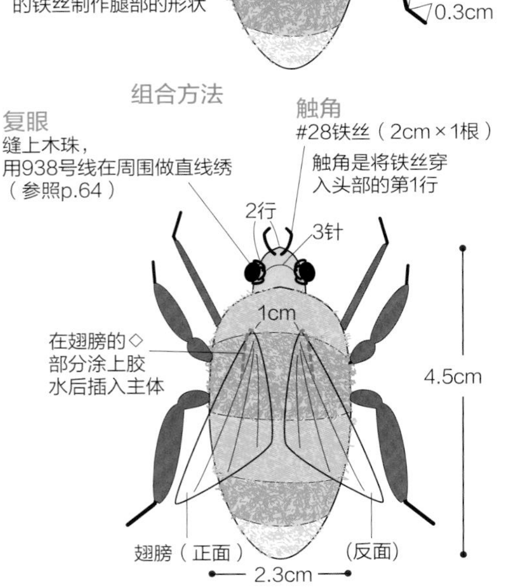

组合方法
复眼
缝上木珠，用938号线在周围做直线绣（参照p.64）
触角
#28铁丝（2cm×1根）
触角是将铁丝穿入头部的第1行
2行
3针
1cm
在翅膀的◇部分涂上胶水后插入主体
4.5cm
翅膀（正面）
（反面）
2.3cm

组合顺序

①分别钩织主体、头部，塞入填充棉
②将头部插入主体，缝合四周
③在主体的指定位置细密地缝上线圈，再将线圈修剪整齐
④在主体的指定位置插入铁丝，弯曲腿部的形状，绕线至指定的厚度
⑤在头部插入触角弯曲塑形，在根部涂上胶水，再用黑色油性笔涂色
⑥将木珠缝在指定位置，在其周围刺绣
⑦钩织翅膀，在周围穿入铁丝，涂上胶水后插入主体的指定位置

日本蜜蜂 图片&重点教程 | p.18 & p.30

线 DMC 25号刺绣线／茶色系（938）…1支，茶色系（729）…0.5支，米色系（ECRU）…少量

其他材料 磨砂木珠4mm／深褐色…2颗；花艺铁丝（白色纸包）／#20…6cm×1根，#24…5cm×2根，#28…2cm×1根，3.5cm×2根；填充棉、胶水、油性笔（黑色）…各适量

针 钩针2/0号，蕾丝针0号

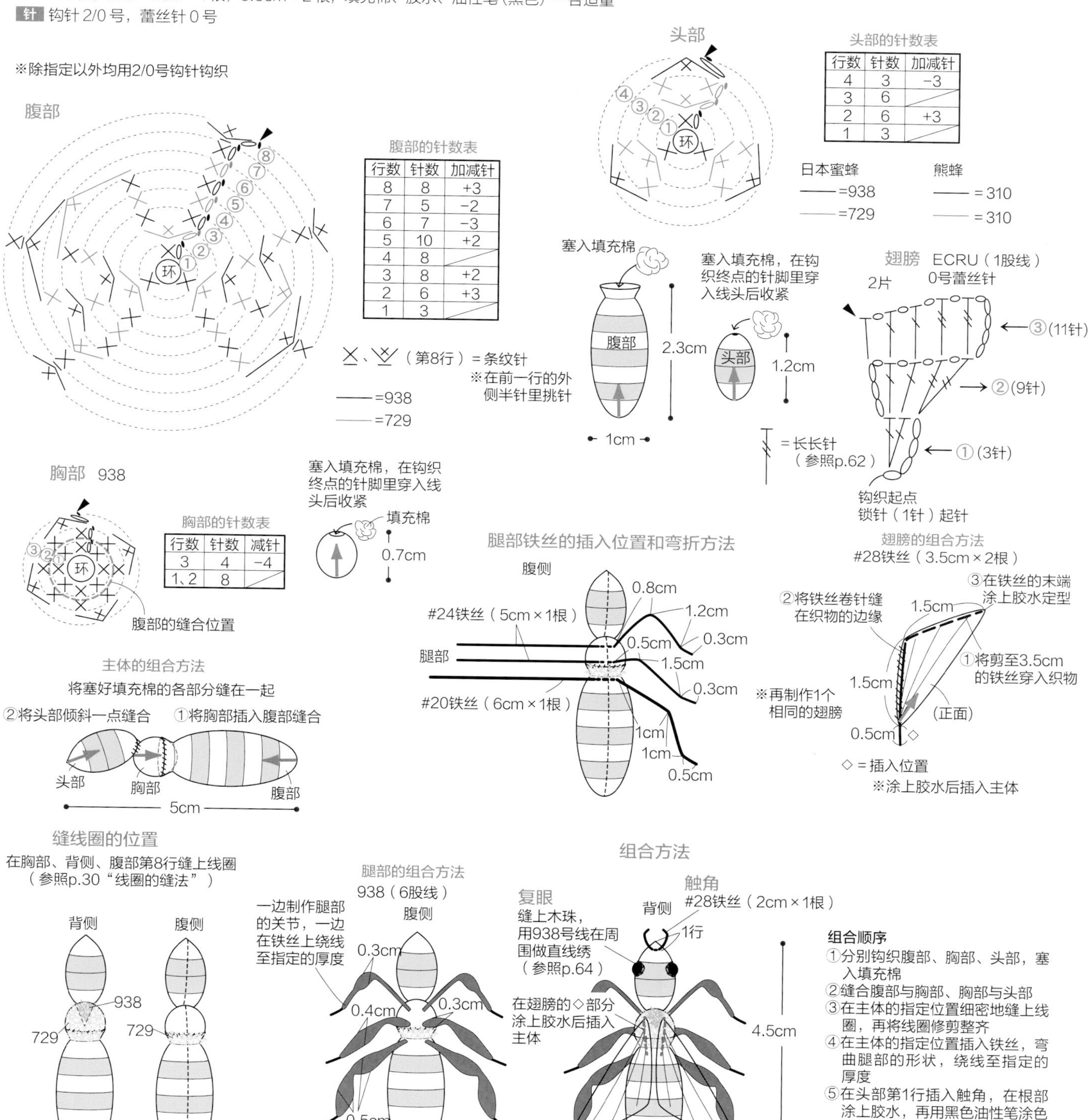

※除指定以外均用2/0号钩针钩织
腹部
环
头部
胸部 938
日本蜜蜂
——=938
——=729
熊蜂
——=310
——=310
(第8行)=条纹针
※在前一行的外侧半针里挑针
——=938
——=729
塞入填充棉
腹部
2.3cm
1cm
塞入填充棉，在钩织终点的针脚里穿入线头后收紧
头部
1.2cm
翅膀 ECRU（1股线）
2片
0号蕾丝针
③(11针)
②(9针)
①(3针)
=长长针
（参照p.62）
钩织起点
锁针（1针）起针
塞入填充棉，在钩织终点的针脚里穿入线头后收紧
填充棉
0.7cm
腹部的缝合位置
腿部铁丝的插入位置和弯折方法
腹侧
0.8cm
#24铁丝（5cm×1根）
1.2cm
0.5cm
0.3cm
腿部
1.5cm
0.3cm
#20铁丝（6cm×1根）
1cm
1cm
0.5cm
翅膀的组合方法
#28铁丝（3.5cm×2根）
②将铁丝卷针缝在织物的边缘
③在铁丝的末端涂上胶水定型
1.5cm
1.5cm
①将剪至3.5cm的铁丝穿入织物
※再制作1个相同的翅膀
(正面)
0.5cm
◇=插入位置
※涂上胶水后插入主体
主体的组合方法
将塞好填充棉的各部分缝在一起
②将头部倾斜一点缝合
①将胸部插入腹部缝合
头部
胸部
腹部
5cm
缝线圈的位置
在胸部、背侧、腹部第8行缝上线圈
（参照p.30“线圈的缝法”）
背侧
腹侧
938
729
729
起立针位置
腿部的组合方法
938（6股线）
腹侧
一边制作腿部的关节，一边在铁丝上绕线至指定的厚度
0.3cm
0.4cm
0.3cm
0.5cm
组合方法
复眼
缝上木珠，用938号线在周围做直线绣
（参照p.64）
背侧
触角
#28铁丝（2cm×1根）
1行
在翅膀的◇部分涂上胶水后插入主体
4.5cm
翅膀（正面）
(反面)
1cm
组合顺序
①分别钩织腹部、胸部、头部，塞入填充棉
②缝合腹部与胸部、胸部与头部
③在主体的指定位置细密地缝上线圈，再将线圈修剪整齐
④在主体的指定位置插入铁丝，弯曲腿部的形状，绕线至指定的厚度
⑤在头部第1行插入触角，在根部涂上胶水，再用黑色油性笔涂色
⑥将木珠缝在指定位置，在其周围刺绣
⑦钩织翅膀，在周围穿入铁丝，涂上胶水后插入主体的指定位置

腹部的针数表

行数	针数	加减针
8	8	+3
7	5	−2
6	7	−3
5	10	+2
4	8	
3	8	+2
2	6	+3
1	3	

头部的针数表

行数	针数	加减针
4	3	−3
3	6	
2	6	+3
1	3	

胸部的针数表

行数	针数	减针
3	4	−4
1、2	8	

日本弓背蚁 图片 | p.19

线 DMC 25 号刺绣线 / 黑色（310）…0.5 支（※1 只的用量）

其他材料 TOHO 大号圆珠 / 黑色…2 颗；花艺铁丝（白色纸包）/ #20…5cm × 1 根，#24…3cm × 1 根，5cm × 2 根；填充棉、胶水、油性笔（黑色）…各适量（※ 均为 1 只的用量）

针 蕾丝针 0 号

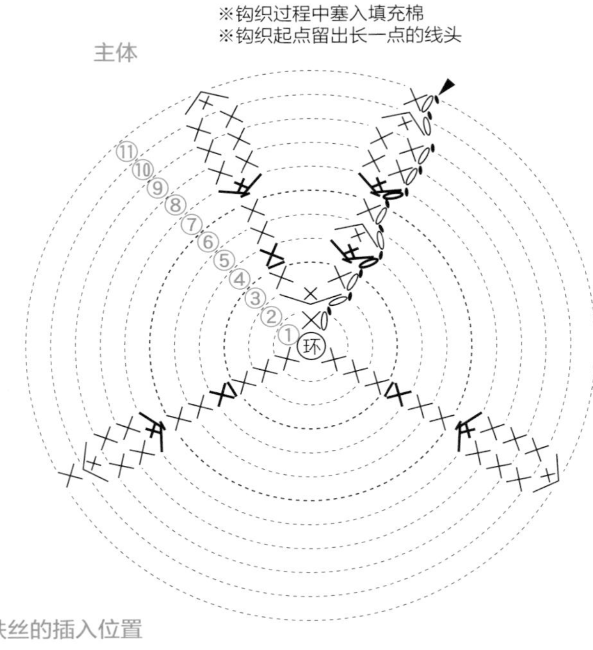

主体
※钩织过程中塞入填充棉
※钩织起点留出长一点的线头
⑪
⑩
⑨
⑧
⑦
⑥
⑤
④
③
②
①
环

主体的针数表

	行数	针数	加减针
腹部	11	4	−2
	10	6	−2
	9	8	
	8	8	
	7	8	+4
胸部	6	4	
	5	4	−1
	4	5	+1
头部	3	4	
	2	4	+1
	1	3	

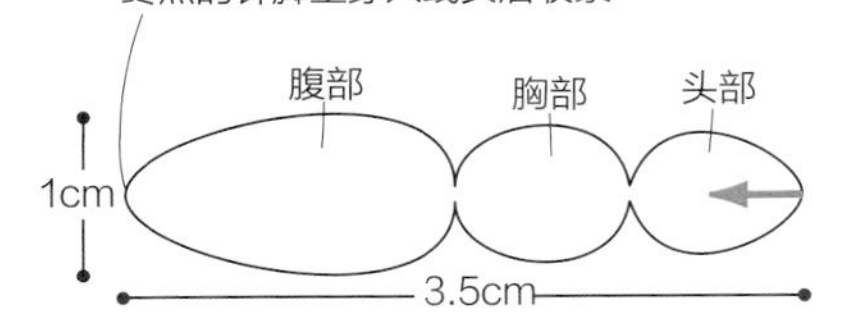

钩织过程中塞入填充棉，在钩织
终点的针脚里穿入线头后收紧
腹部
胸部
头部
1cm
3.5cm

腿部铁丝的插入位置

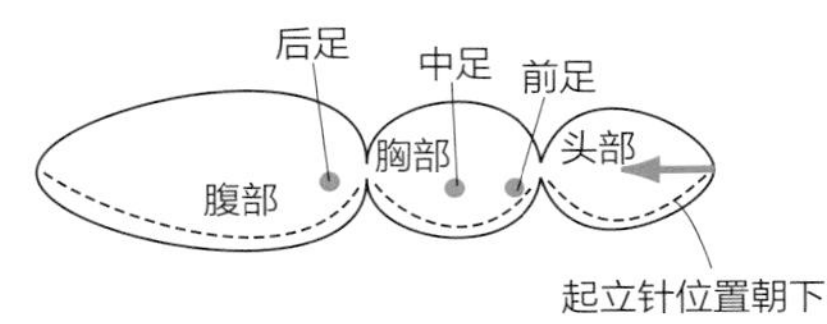

后足
中足
前足
腹部
胸部
头部
起立针位置朝下

腿部的弯折方法

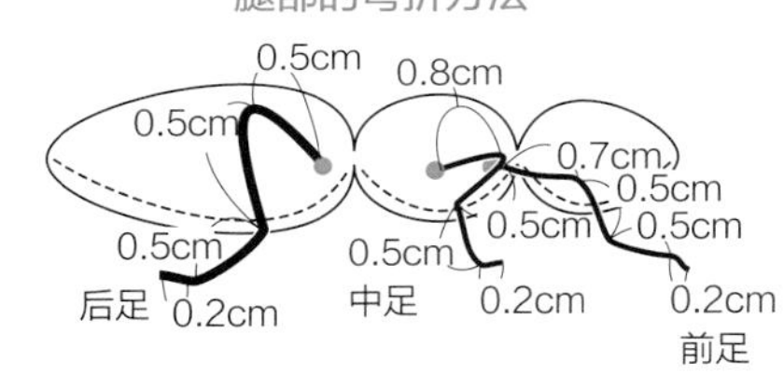

0.5cm
0.8cm
0.5cm
0.7cm
0.5cm
0.5cm
0.5cm
0.5cm
0.5cm
后足
0.2cm
中足
0.2cm
0.2cm
前足

腹侧

起立针位置

头部

①将铁丝插入主体的指定位置

前足 #24铁丝（5cm × 1根）

中足 #24铁丝（5cm × 1根）

胸部

后足 #20铁丝（5cm × 1根）

1cm

缝住各条腿的根部

腹部

组合方法

触角 #24铁丝（3cm × 1根）

1cm

0.3cm

1行

0.2cm

缎绣（参照p.64）

0.2cm

0.3cm

复眼

组合顺序

①钩织起点留出长一点的线头，一边钩织主体一边在中途塞入填充棉，在钩织终点的针脚里穿入线头后收紧

②将腿部的铁丝插入指定位置，再将铁丝的根部缝在主体上

③用弯曲穿入的铁丝制作腿部的形状，在铁丝上涂上胶水，一边绕线一边调整，使根部向足尖由粗变细

④触角是将铁丝插入头部的第3行，弯曲塑形，再用黑色油性笔在触角上涂满颜色

⑤在腿部没有绕到线的部分用黑色油性笔涂色

⑥用钩织起点留出的线头绣出突起的鼻尖

⑦缝上珠子作为复眼

大刀螳螂 图片 | p.20

线 DMC 25号刺绣线／绿色系（704）、（906）…各1.5支，茶色系（420）、浅茶色系（452）…各1支，绿色系（580）…0.5支

其他材料 磨砂木珠4mm／深褐色…2颗；花艺铁丝（白色纸包）／#24…1cm、4.5cm×各1根，5.6cm、7.7cm、14cm×各2根，#26…5cm×1根；填充棉、胶水、油性笔（黄色、茶色）…各适量

针 蕾丝针0号

前翅 2片

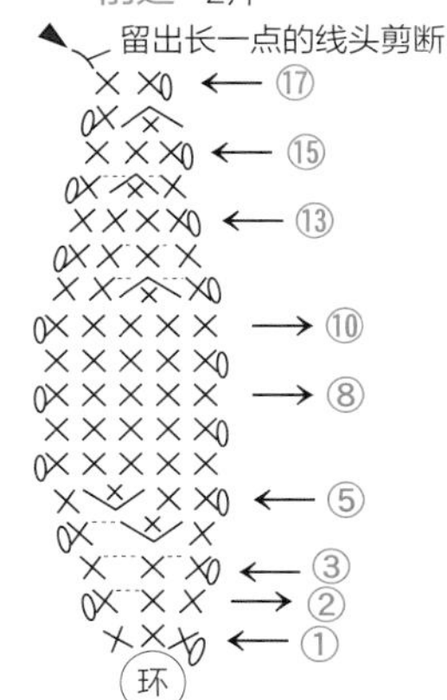

留出长一点的线头剪断
⑰
⑮
⑬
⑩
⑧
⑤
③
②
①
环

前翅的针数表

行数	针数	加减针
17	2	
16	2	−1
15	3	
14	3	−1
12、13	4	
11	4	−1
6～10	5	
5	5	+1
4	4	+1
1～3	3	

后翅

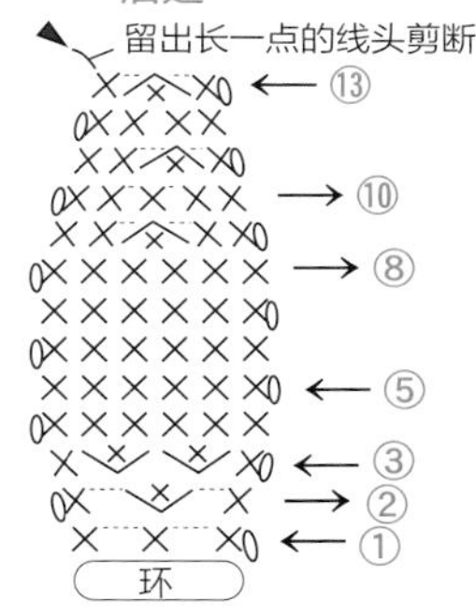

留出长一点的线头剪断
⑬
⑩
⑧
⑤
③
②
①
环

后翅的针数表

行数	针数	加减针
13	3	−1
12	4	
11	4	−1
10	5	
9	5	−1
4～8	6	
3	6	+2
2	4	+1
1	3	

胸部、腹部

※钩织过程中塞入填充棉
※将#24铁丝剪至4.5cm，插入胸部

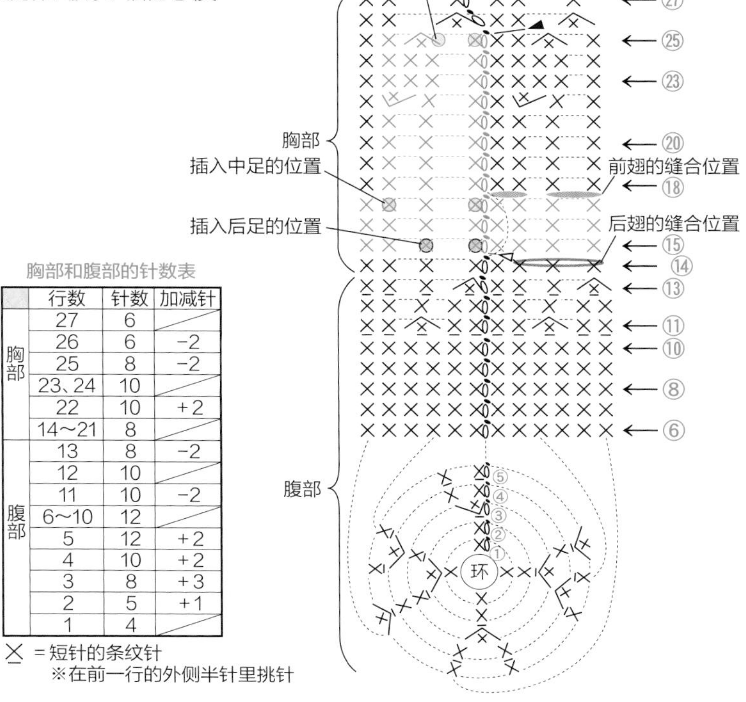

插入前足的位置
㉗
㉕
㉓
⑳
胸部
插入中足的位置
前翅的缝合位置
⑱
插入后足的位置
后翅的缝合位置
⑮
⑭
⑬
⑪
⑩
⑧
⑥
腹部
⑤
④
③
②
①
环

胸部和腹部的针数表

	行数	针数	加减针
胸部	27	6	
	26	6	−2
	25	8	−2
	23、24	10	
	22	10	+2
	14～21	8	
腹部	13	8	−2
	12	10	
	11	10	−2
	6～10	12	
	5	12	+2
	4	10	+2
	3	8	+3
	2	5	+1
	1	4	

╳ ＝短针的条纹针
※在前一行的外侧半针里挑针

翅膀与腹部、胸部的组合方法

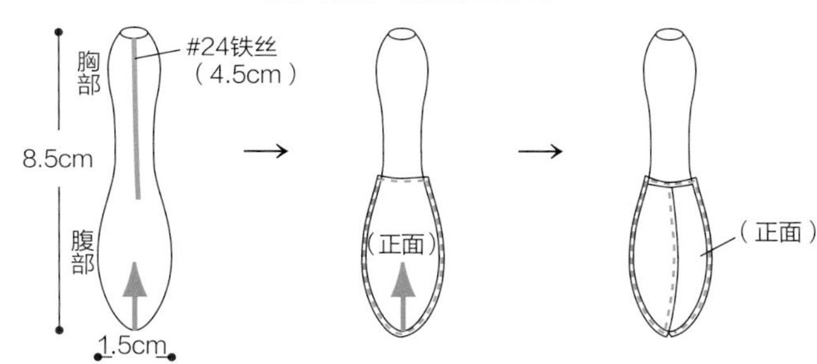

胸部
#24铁丝
（4.5cm）
8.5cm
腹部
1.5cm
（正面）
（正面）

①钩织过程中塞入填充棉，在胸部插入剪至4.5cm的#24铁丝

②将后翅缝在腹部的指定位置，注意线迹不要露出正面

③将2片前翅稍稍重叠缝在胸部的指定位置，使其与后翅的宽度大致相同，注意线迹不要露出正面

头部

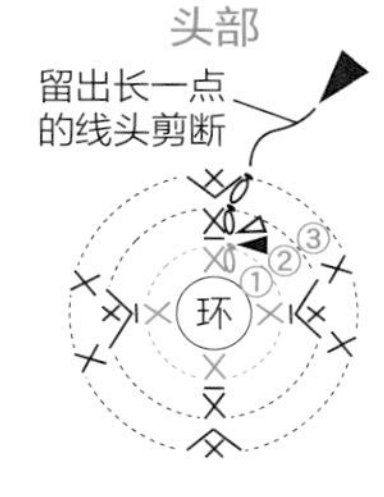

留出长一点
的线头剪断
③
②
①
环

头部的针数表

行数	针数	加针
3	8	+2
2	6	+2
1	4	

头部的组合方法

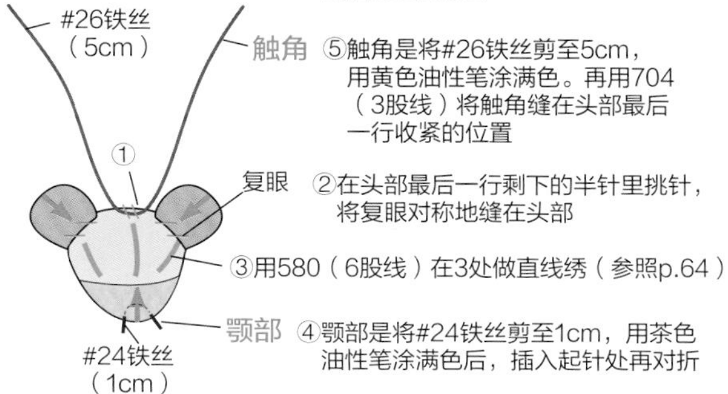

#26铁丝
（5cm）
触角
①
复眼
颚部
#24铁丝
（1cm）

⑤触角是将#26铁丝剪至5cm，用黄色油性笔涂满色。再用704（3股线）将触角缝在头部最后一行收紧的位置

②在头部最后一行剩下的半针里挑针，将复眼对称地缝在头部

③用580（6股线）在3处做直线绣（参照p.64）

④颚部是将#24铁丝剪至1cm，用茶色油性笔涂满色后，插入起针处再对折

①头部塞入少量填充棉，在最后一行钩织终点的外侧半针里挑针，穿线后收紧

复眼 2片

× 环 ①

各部分的配色表

头部	——	704
	——	420
胸部、腹部	——	704
	——	420×452
前翅	——	906
后翅	——	420×452
复眼	——	580
前足（镰刀）	——	704

※○×○＝将2种颜色的3根分股线合成6股线钩织

※下转p.60

兰花螳螂 图片&重点教程 | p.21 & p.30

线 DMC 25 号刺绣线 / 粉红色系（604）、（3805）、白色系（3865）…各1.5支，浅粉红色系（23）、茶色系（420）…各0.5支，绿色系（581）…少量

其他材料 花艺铁丝（白色纸包）/ #24…4cm×1根，7cm×4根，8.5cm×2根，#26…4.5cm×1根；填充棉、胶水…各适量

针 蕾丝针0号

翅膀

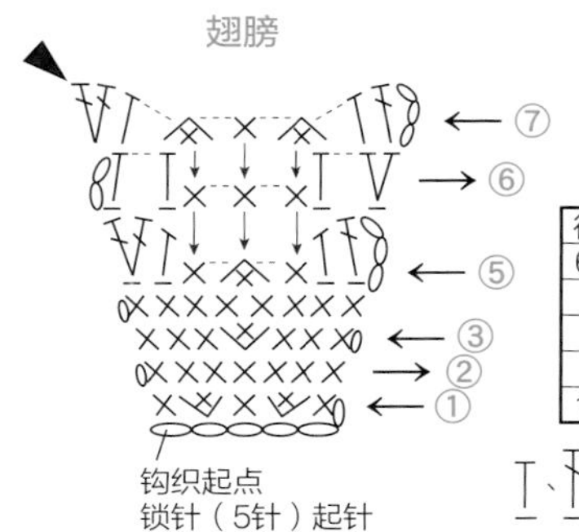

钩织起点
锁针（5针）起针

翅膀的针数表

行数	针数	加针
6、7	9	
5	9	+1
4	8	
3	8	+1
1、2	7	

= 条纹针
※在前一行的内侧半针里挑针

背板

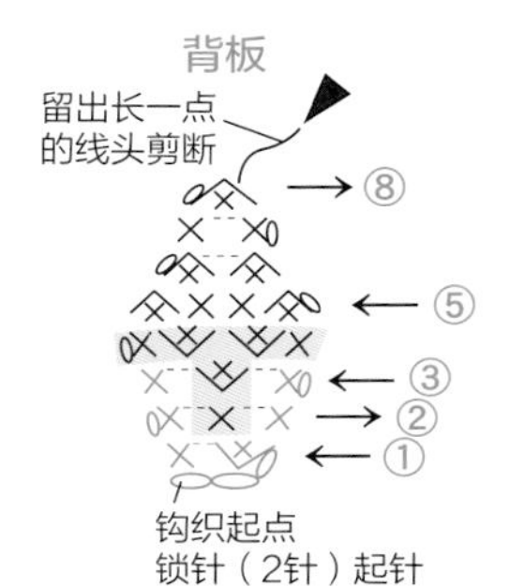

留出长一点
的线头剪断
钩织起点
锁针（2针）起针

背板的针数表

行数	针数	加减针
8	1	−1
7	2	
6	2	−2
5	4	−2
4	6	+2
3	4	+1
1、2	3	

腹部和胸部的针数、配色表

行数	针数	加减针	配色
30	6		3865
29	6	−1	
28	7		
27	7	−1	
26	8		
25	8	−1	
24	9	−1	
21～23	10		604×3865
20	10	+1	
16～19	9		
15	9		3865
14	9	−1	420×3865
13	10		3865
12	10	−1	420×3865
11	11	−1	3865
10	12	−1	
9	13	−1	
6～8	14		604×3865
5	14	+2	
4	12	+4	604×3805
3	8	+2	
2	6	+1	
1	5		

※○×○＝将2种颜色的3根分股线合成6股线钩织

※腹部钩织完成后，塞入填充棉。将#24铁丝剪至4cm，插入腹部

= 短针的条纹针
※在前一行的外侧半针里挑针

腹部、胸部

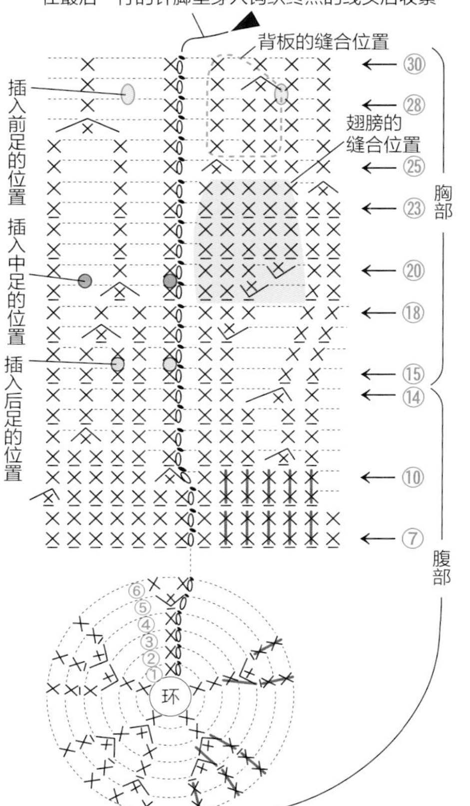

※留出长一点的线头剪断，在胸部塞入填充棉，在最后一行的针脚里穿入钩织终点的线头后收紧
背板的缝合位置
翅膀的缝合位置
插入前足的位置
插入中足的位置
插入后足的位置
胸部
腹部
环

用420（6股线）做直线绣（参照p.64）
※挑针刺绣时，留出短针的条纹针的内侧半针

腹部和胸部的组合方法

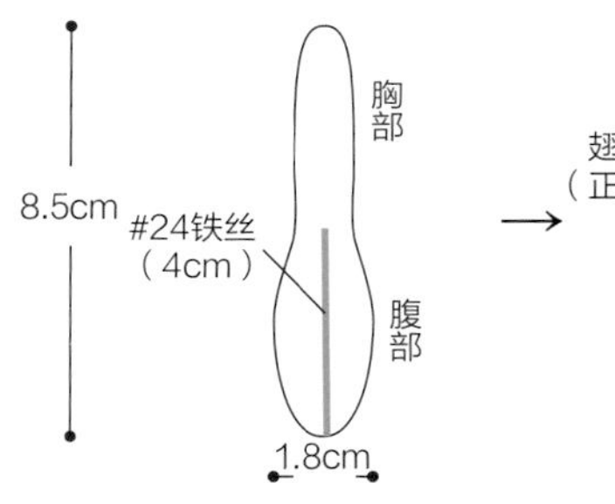

8.5cm
胸部
#24铁丝
（4cm）
腹部
1.8cm

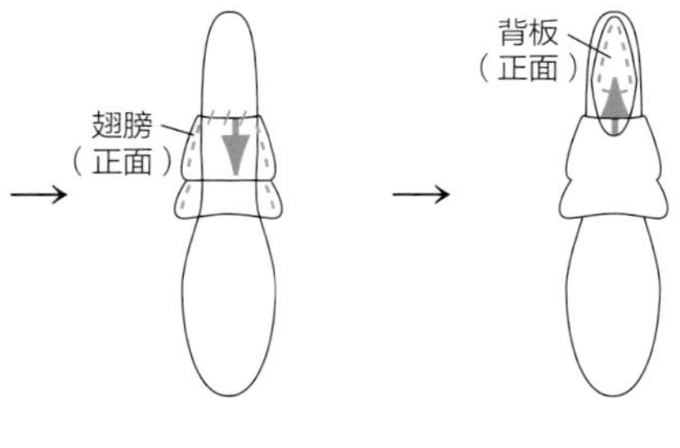

翅膀
（正面）
背板
（正面）

①腹部钩织完成后，塞入填充棉。将#24铁丝剪至4cm，插入腹部

②将翅膀缝在胸部的指定位置，注意线迹不要露出正面

③将背板缝在胸部的指定位置，注意线迹不要露出正面

头部

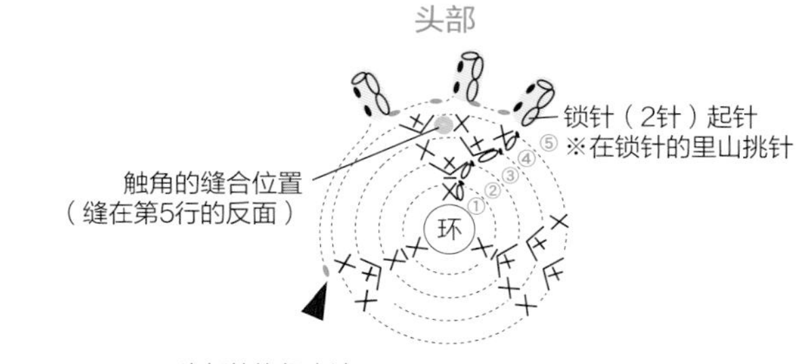

锁针（2针）起针
※在锁针的里山挑针
触角的缝合位置
（缝在第5行的反面）
环

头部的钩织方法

①一边加针，一边环形钩织至第4行

②塞入相同的线，将织物对折。第5行的引拔针（⬬）是在最后一行的2层针脚里挑针钩织（参照p.30“头部第5行的钩织方法”）

各部分的配色表

头部、背板	——	604×3805
	——	604×3865
	——	581
翅膀		3865
腿部	——	23
	——	604×3805
	——	604
	——	3805

※○×○＝将2种颜色的3根分股线合成6股线钩织

头部的组合方法

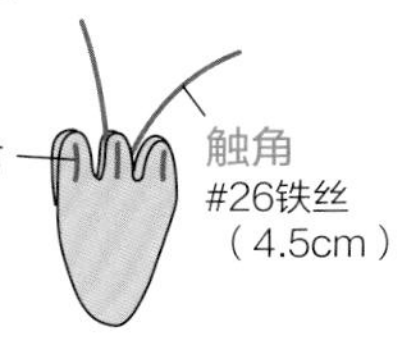

触角
#26铁丝
（4.5cm）

①触角是将#26铁丝剪至4.5cm后对折，再用604（3股线）缝在指定位置

②用420（6股线）在第5行的正、反面3处做直线绣（参照p.64）

头部的针数表

行数	针数	加针
4	10	+2
3	8	+3
2	5	+2
1	3	

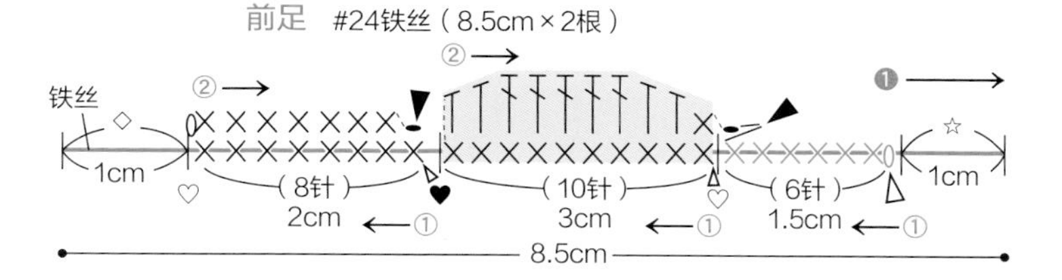

前足 #24铁丝（8.5cm×2根）
铁丝
1cm
（8针）
2cm
（10针）
3cm
（6针）
1.5cm
1cm
8.5cm

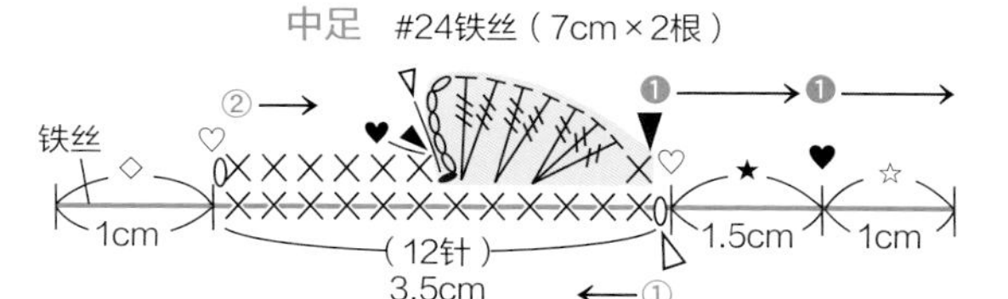

中足 #24铁丝（7cm×2根）
铁丝
1cm
（12针）
3.5cm
1.5cm
1cm
7cm

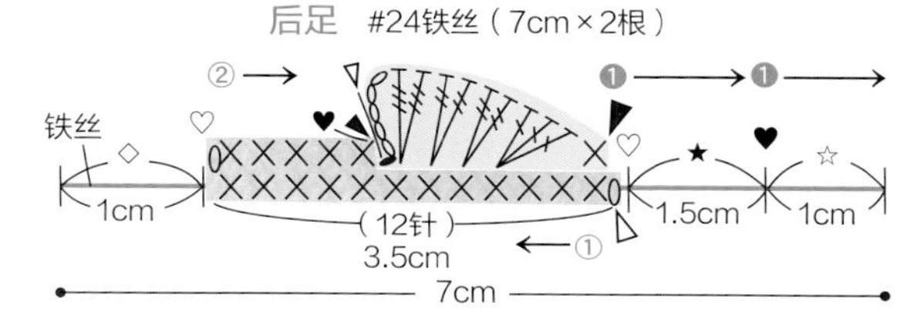

后足 #24铁丝（7cm×2根）
铁丝
1cm
（12针）
3.5cm
1.5cm
1cm
7cm

◇＝插入位置
※对折（0.5cm）后插入主体
☆＝用420（6股线）绕1层
★＝用23（6股线）绕2层
♡＝关节位置（向内侧弯曲铁丝）
♥＝关节位置（向外侧弯曲铁丝）

腿部的制作方法
①在铁丝的指定位置绕线
②在指定位置直接包住铁丝钩织，参照p.27“包住铁丝钩织的方法（直接包住铁丝钩织短针的方法）”
③弯曲♡、♥的关节塑形

组合方法

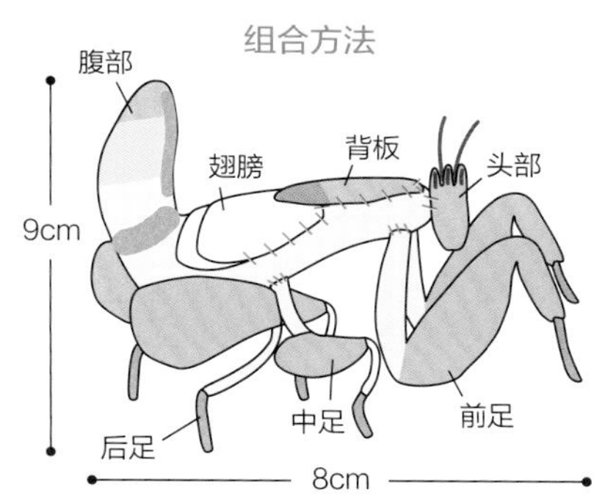

腹部
翅膀
背板
头部
9cm
后足
中足
前足
8cm

组合顺序
①分别钩织各部分，将其组合在一起
②将组合后的头部缝在组合后的腹部和胸部
③弯曲腹部，使其向上翘起
④前、中、后足分别制作2条，将腿部的◇部分对折，分别涂上胶水后插入胸部的指定位置

竹节虫 图片 | p.22

线 DMC 25号刺绣线 / 茶色系（840）…1支
其他材料 花艺铁丝（白色纸包）/ #26…10cm×6根，#28…10cm×1根；胶水…适量
针 钩针2/0号

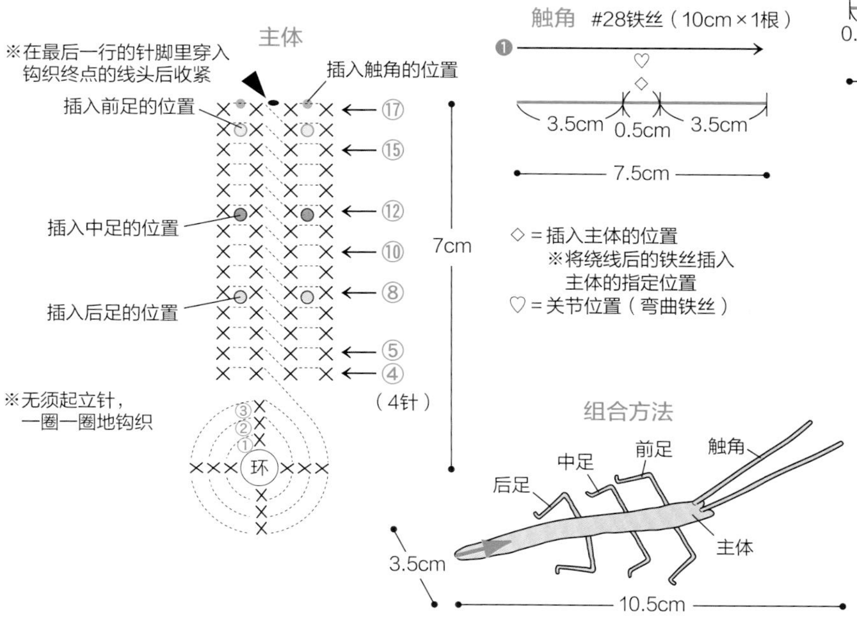

主体
※在最后一行的针脚里穿入钩织终点的线头后收紧
插入触角的位置
插入前足的位置
插入中足的位置
插入后足的位置
7cm
（4针）
※无须起立针，一圈一圈地钩织
环
触角 #28铁丝（10cm×1根）
3.5cm
0.5cm
3.5cm
7.5cm
◇＝插入主体的位置
※将绕线后的铁丝插入主体的指定位置
♡＝关节位置（弯曲铁丝）
组合方法
触角
前足
中足
后足
主体
3.5cm
10.5cm

前足 #26铁丝（10cm×1根）

0.5cm　1.5cm　1.5cm　0.5cm　1.5cm　1.5cm　0.5cm

7.5cm

中足、后足 #26铁丝（10cm×各2根）

0.5cm　1cm　1.5cm　0.5cm　1.5cm　1cm　0.5cm

6.5cm

触角、腿部的制作方法
①分别将铁丝剪至10cm
②用840（6股线）按指定的长度在铁丝上绕1层
③剪掉多余的铁丝

组合顺序
①钩织并组合主体
②制作触角和腿部
③将触角和腿部插入主体的指定位置
④弯曲触角和腿部的♡位置塑形

叶䗛 图片 | p.23

线 DMC 25 号刺绣线 / 黄绿色系（907）…3 支，米色系（613）、茶色系（869）…各少量

其他材料 花艺铁丝（白色纸包）/ #20…10cm × 1 根，#26…10cm × 6 根；胶水…适量

针 钩针 2/0 号

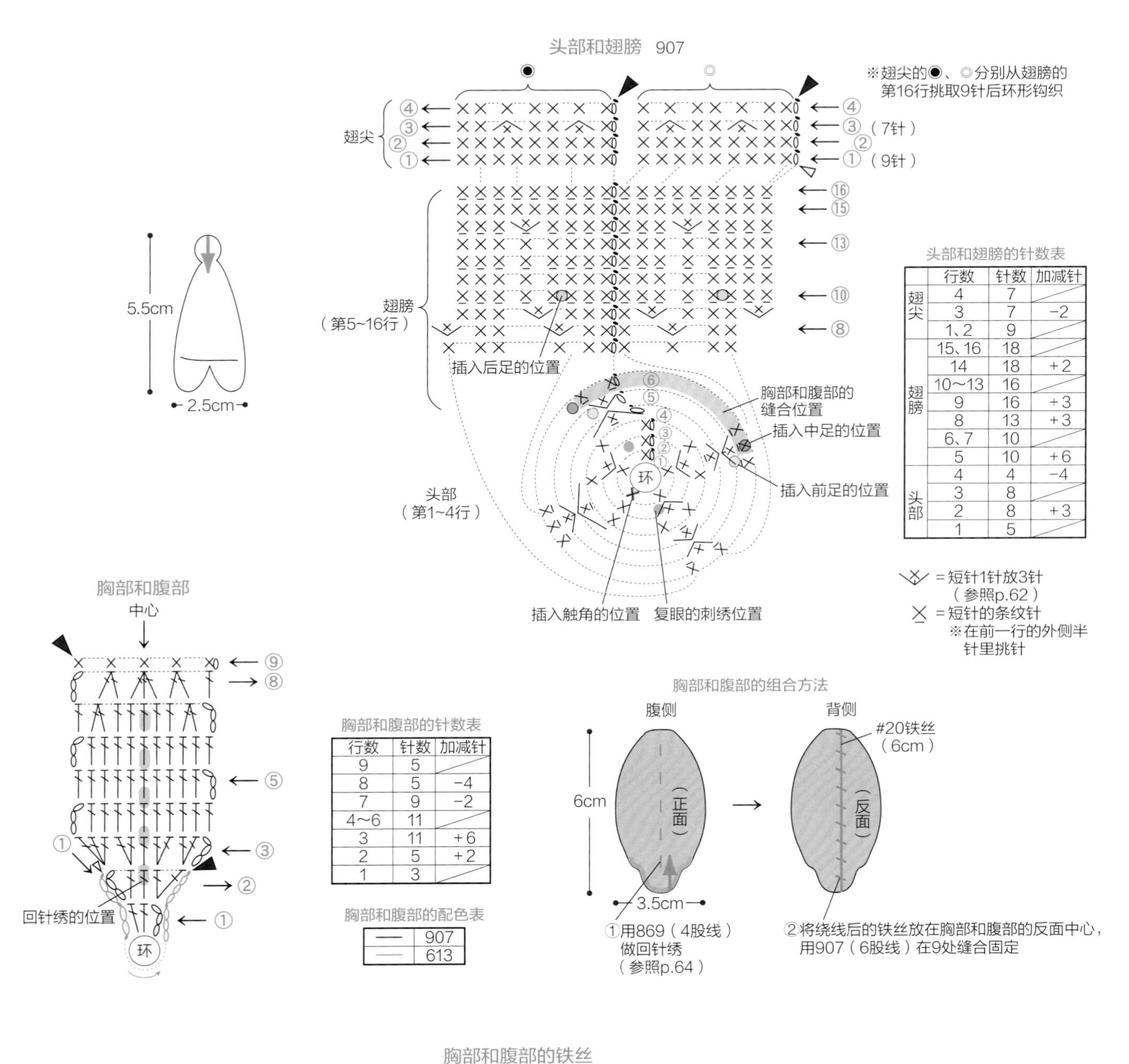

头部和翅膀 907
※翅尖的◉、◎分别从翅膀的第16行挑取9针后环形钩织
翅尖
（7针）
（9针）
翅膀（第5~16行）
插入后足的位置
胸部和腹部的缝合位置
插入中足的位置
插入前足的位置
头部（第1~4行）
环
插入触角的位置
复眼的刺绣位置
5.5cm
2.5cm
= 短针1针放3针（参照p.62）
= 短针的条纹针 ※在前一行的外侧半针里挑针
胸部和腹部
中心
回针绣的位置
胸部和腹部的组合方法
腹侧
背侧
6cm
（正面）
（反面）
#20铁丝（6cm）
3.5cm
①用869（4股线）做回针绣（参照p.64）
②将绕线后的铁丝放在胸部和腹部的反面中心，用907（6股线）在9处缝合固定

头部和翅膀的针数表

	行数	针数	加减针
翅尖	4	7	
	3	7	−2
	1、2	9	
翅膀	15、16	18	
	14	18	+2
	10~13	16	
	9	16	+3
	8	13	+3
	6、7	10	
	5	10	+6
头部	4	4	−4
	3	8	
	2	8	+3
	1	5	

胸部和腹部的针数表

行数	针数	加减针
9	5	
8	5	−4
7	9	−2
4~6	11	
3	11	+6
2	5	+2
1	3	

胸部和腹部的配色表

——	907
——	613

胸部和腹部的铁丝
#20铁丝（10cm × 1根）
铁丝
6cm

①将#20铁丝剪至10cm，用907（6股线）绕1层，绕至6cm

②剪掉多余的铁丝

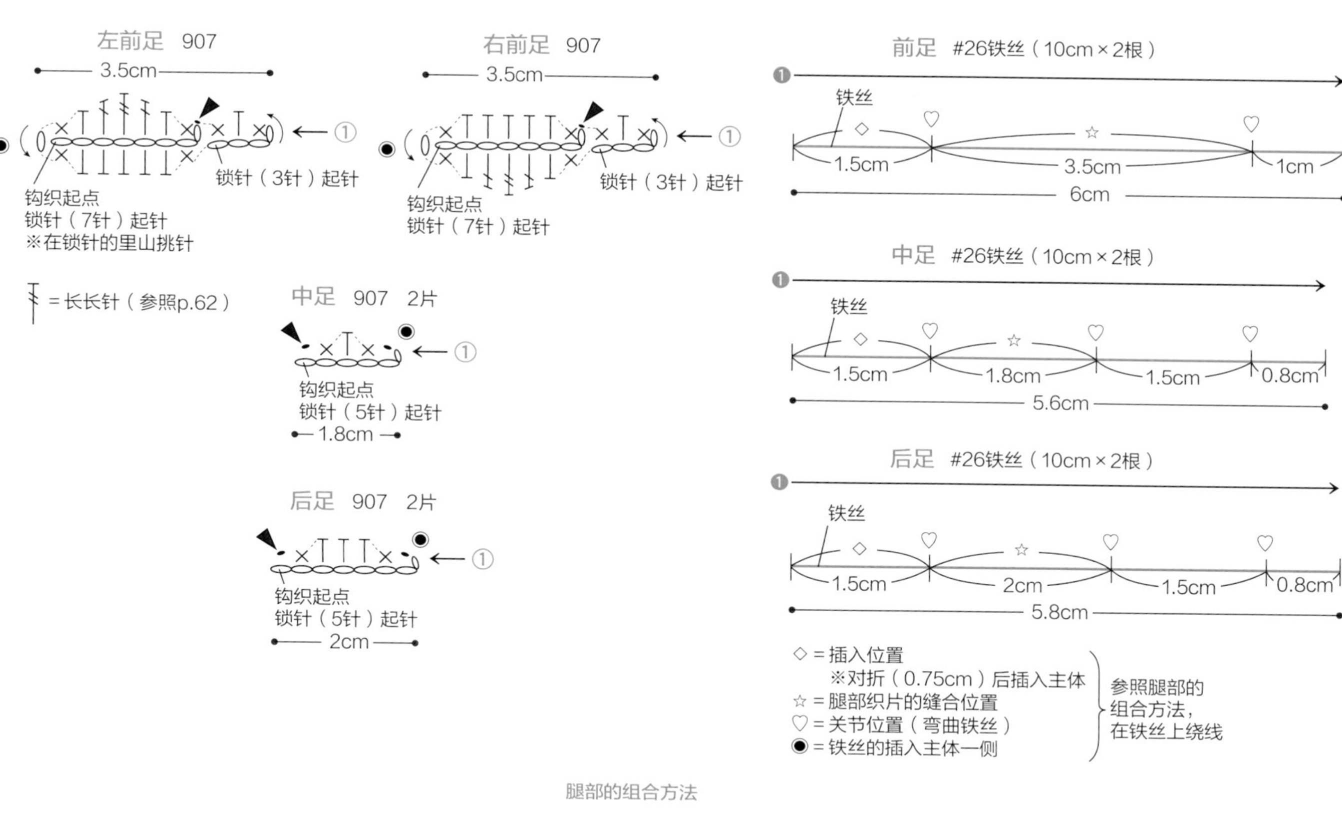

左前足 907
3.5cm
锁针（3针）起针
钩织起点
锁针（7针）起针
※在锁针的里山挑针
右前足 907
3.5cm
锁针（3针）起针
钩织起点
锁针（7针）起针
= 长长针（参照p.62）
中足 907 2片
钩织起点
锁针（5针）起针
1.8cm
后足 907 2片
钩织起点
锁针（5针）起针
2cm
前足 #26铁丝（10cm×2根）
铁丝
1.5cm
3.5cm
1cm
6cm
中足 #26铁丝（10cm×2根）
铁丝
1.5cm
1.8cm
1.5cm
0.8cm
5.6cm
后足 #26铁丝（10cm×2根）
铁丝
1.5cm
2cm
1.5cm
0.8cm
5.8cm
◇ = 插入位置
※对折（0.75cm）后插入主体
☆ = 腿部织片的缝合位置
♡ = 关节位置（弯曲铁丝）
● = 铁丝的插入主体一侧
参照腿部的组合方法，在铁丝上绕线

腿部的组合方法

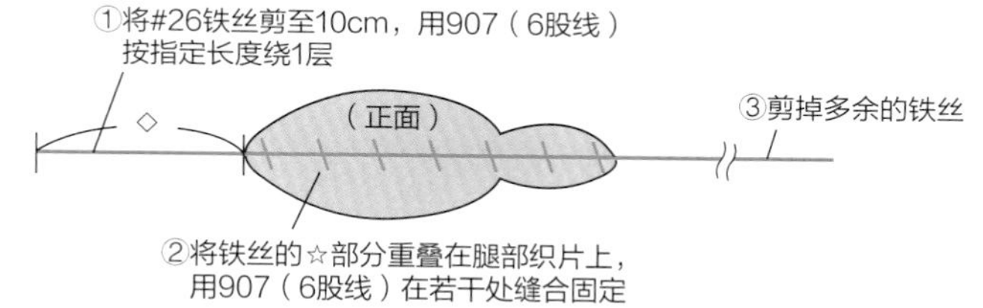

①将#26铁丝剪至10cm，用907（6股线）按指定长度绕1层
（正面）
③剪掉多余的铁丝
②将铁丝的☆部分重叠在腿部织片上，用907（6股线）在若干处缝合固定

组合方法

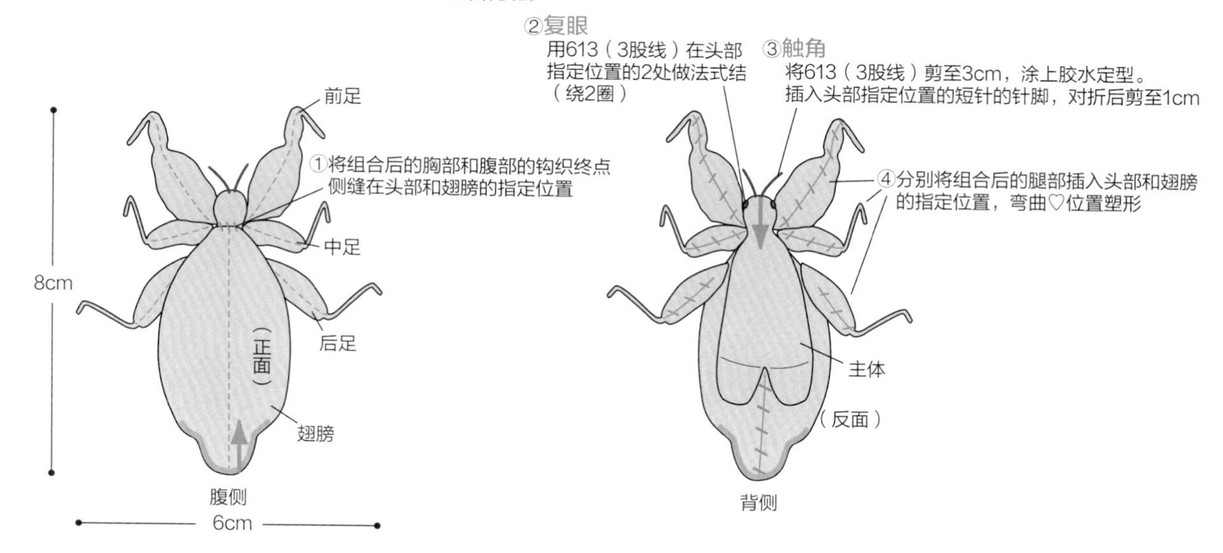

②复眼
用613（3股线）在头部指定位置的2处做法式结（绕2圈）
③触角
将613（3股线）剪至3cm，涂上胶水定型。插入头部指定位置的短针的针脚，对折后剪至1cm
前足
①将组合后的胸部和腹部的钩织终点侧缝在头部和翅膀的指定位置
中足
后足
8cm
（正面）
翅膀
腹侧
6cm
④分别将组合后的腿部插入头部和翅膀的指定位置，弯曲♡位置塑形
主体
（反面）
背侧

※上接p.37，长戟大兜虫

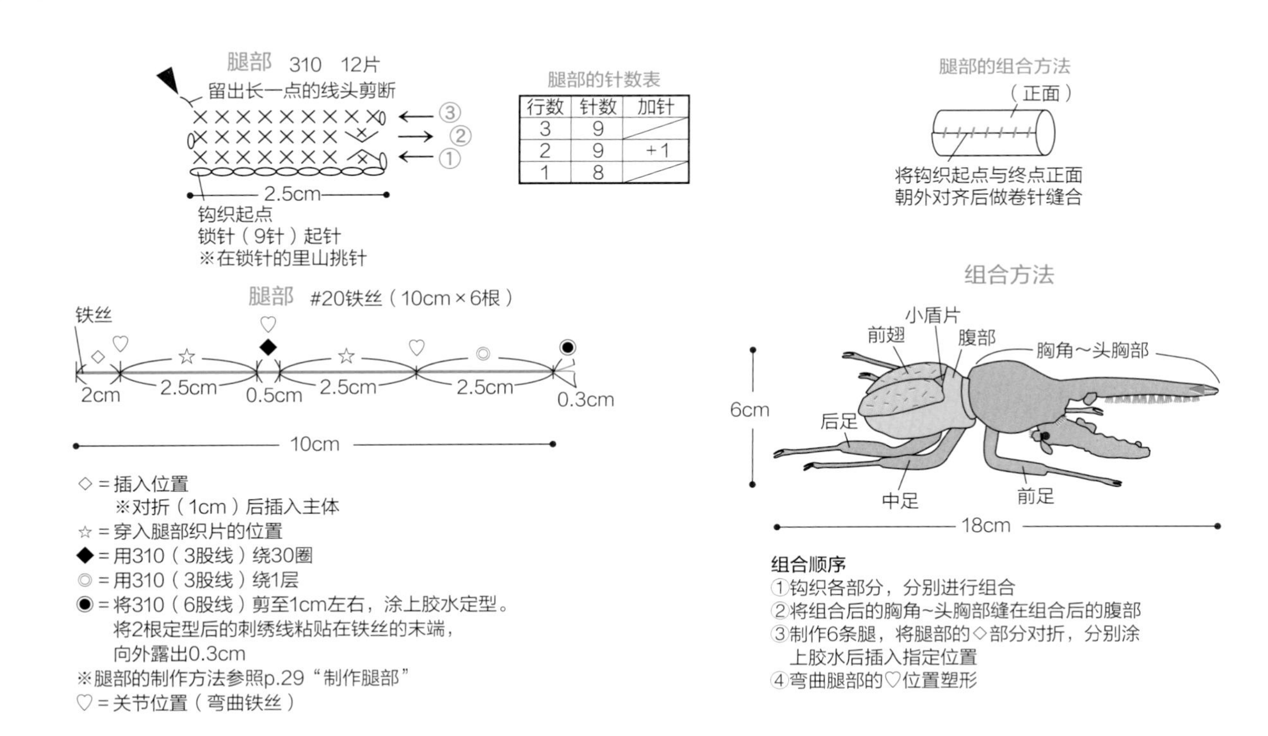
腿部 310 12片
留出长一点的线头剪断
2.5cm
钩织起点
锁针（9针）起针
※在锁针的里山挑针
腿部的组合方法
（正面）
将钩织起点与终点正面
朝外对齐后做卷针缝合
腿部 #20铁丝（10cm×6根）
铁丝
2cm
2.5cm
0.5cm
2.5cm
2.5cm
0.3cm
10cm
组合方法
小盾片
前翅
腹部
胸角~头胸部
6cm
后足
中足
前足
18cm

腿部的针数表

行数	针数	加针
3	9	
2	9	+1
1	8	

◇ = 插入位置
※对折（1cm）后插入主体
☆ = 穿入腿部织片的位置
◆ = 用310（3股线）绕30圈
◎ = 用310（3股线）绕1层
◉ = 将310（6股线）剪至1cm左右，涂上胶水定型。
将2根定型后的刺绣线粘贴在铁丝的末端，
向外露出0.3cm
※腿部的制作方法参照p.29“制作腿部”
♡ = 关节位置（弯曲铁丝）

组合顺序

①钩织各部分，分别进行组合
②将组合后的胸角~头胸部缝在组合后的腹部
③制作6条腿，将腿部的◇部分对折，分别涂上胶水后插入指定位置
④弯曲腿部的♡位置塑形

※上接p.55，大刀螳螂

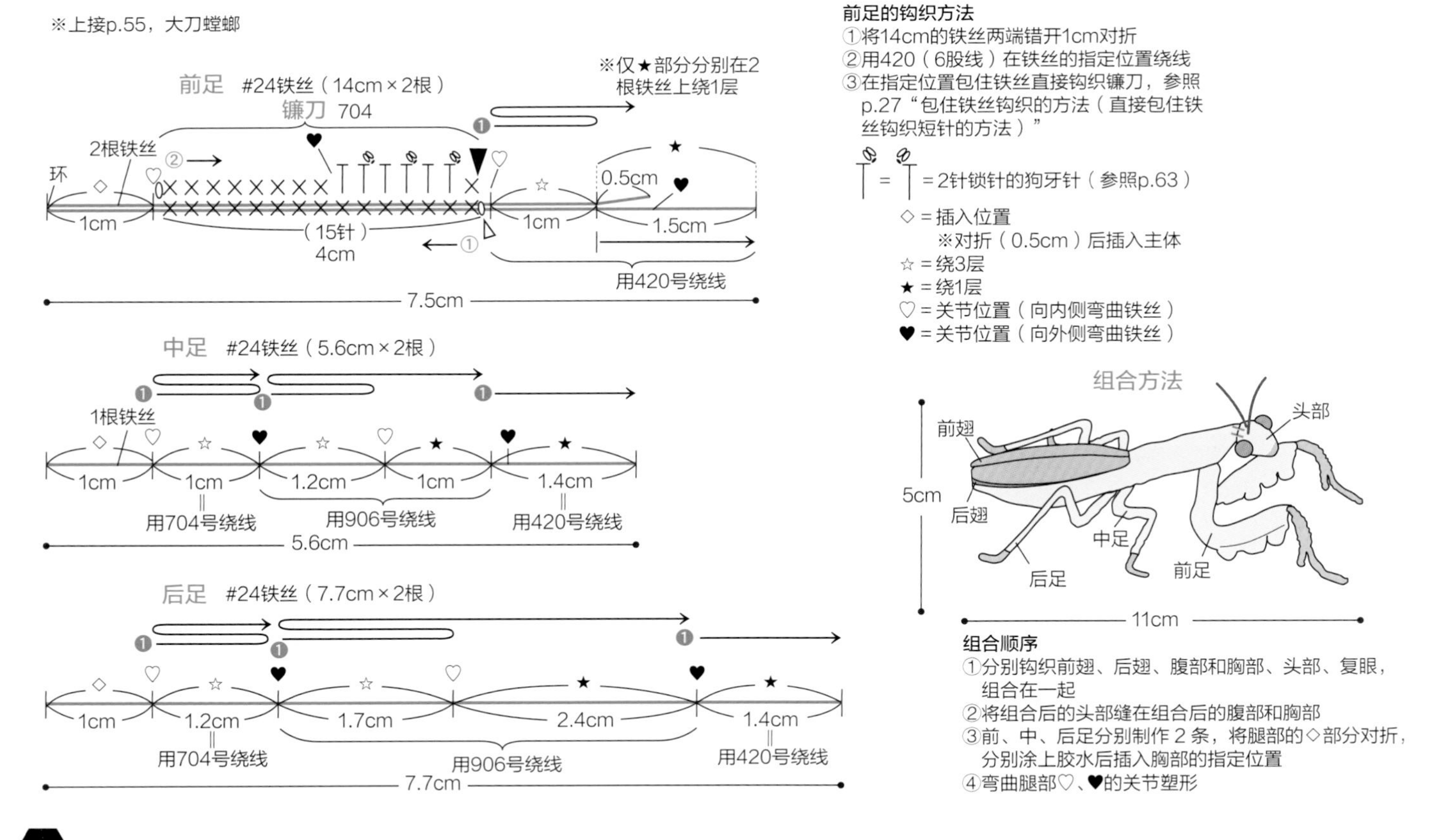
前足 #24铁丝（14cm×2根）
镰刀 704
※仅★部分分别在2
根铁丝上绕1层
2根铁丝
环
1cm
（15针）
4cm
0.5cm
1cm
1.5cm
用420号绕线
7.5cm
中足 #24铁丝（5.6cm×2根）
1根铁丝
1cm
1cm
1.2cm
1cm
1.4cm
用704号绕线
用906号绕线
用420号绕线
5.6cm
后足 #24铁丝（7.7cm×2根）
1cm
1.2cm
1.7cm
2.4cm
1.4cm
用704号绕线
用906号绕线
用420号绕线
7.7cm
组合方法
前翅
头部
5cm
后翅
中足
后足
前足
11cm

前足的钩织方法

①将14cm的铁丝两端错开1cm对折
②用420（6股线）在铁丝的指定位置绕线
③在指定位置包住铁丝直接钩织镰刀，参照p.27“包住铁丝钩织的方法（直接包住铁丝钩织短针的方法）”

= 2针锁针的狗牙针（参照p.63）
◇ = 插入位置
※对折（0.5cm）后插入主体
☆ = 绕3层
★ = 绕1层
♡ = 关节位置（向内侧弯曲铁丝）
♥ = 关节位置（向外侧弯曲铁丝）

组合顺序

①分别钩织前翅、后翅、腹部和胸部、头部、复眼，组合在一起
②将组合后的头部缝在组合后的腹部和胸部
③前、中、后足分别制作2条，将腿部的◇部分对折，分别涂上胶水后插入胸部的指定位置
④弯曲腿部♡、♥的关节塑形

钩针编织基础

如何看懂符号图

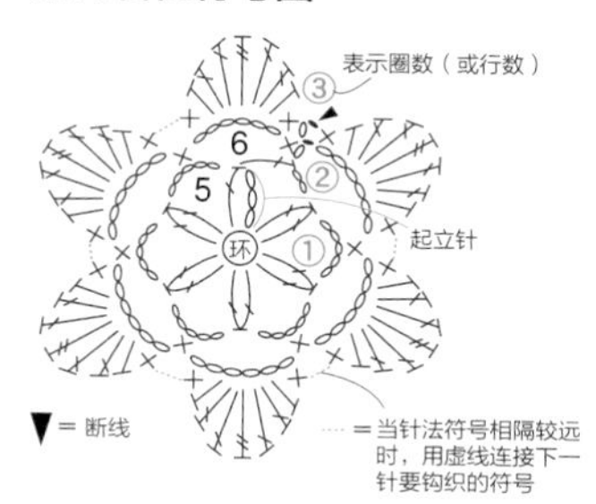

表示圈数（或行数）
起立针
环
▼＝断线
＝当针法符号相隔较远时，用虚线连接下一针要钩织的符号

本书中的符号图均表示从织物正面看到的状态，根据日本工业标准（JIS）制定。钩针编织没有正针和反针的区别（内钩针和外钩针除外），交替看着正、反面进行往返钩织时也用相同的针法符号表示。

从中心向外环形钩织时

在中心环形起针（或钩织锁针连接成环形），然后一圈圈地向外钩织。每圈的起始处都要先钩起立针（立起的锁针）。通常情况下，都是看着织物的正面按符号图逆时针钩织。

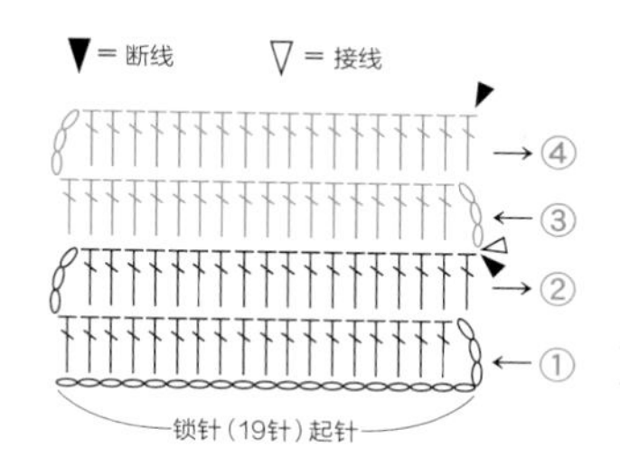

▼＝断线
▽＝接线
锁针（19针）起针

往返钩织时

特点是左右两侧都有起立针。原则上，当起立针位于右侧时，看着织物的正面按符号图从右往左钩织；当起立针位于左侧时，看着织物的反面按符号图从左往右钩织。左图表示在第3行换成配色线钩织。

带线和持针的方法

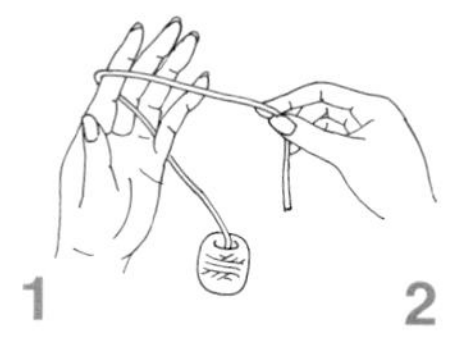

1 从左手的小指和无名指之间将线向前拉出，然后挂在食指上，将线头拉至手掌前。

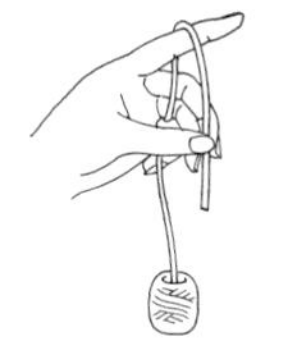

2 用拇指和中指捏住线头，竖起食指使线绷紧。

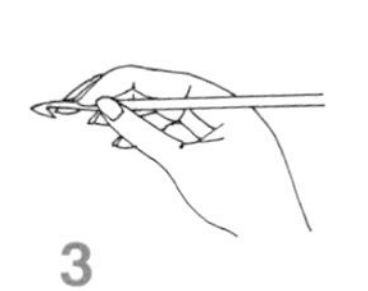

3 用右手的拇指和食指捏住钩针，用中指轻轻抵住针头。

起始针的钩织方法

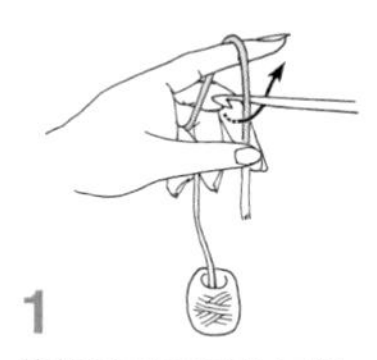

1 将钩针抵在线的后侧，如箭头所示转动针头。

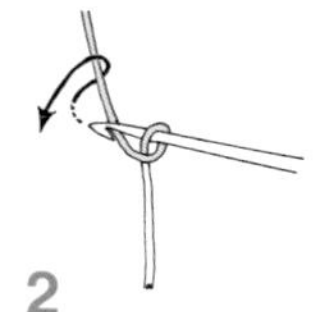

2 再在针头挂线。

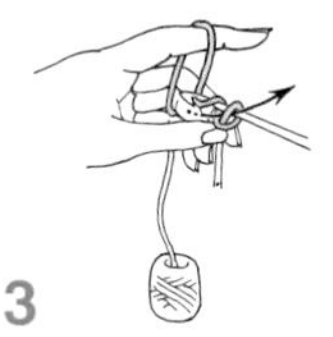

3 从线环中将线向前拉出。

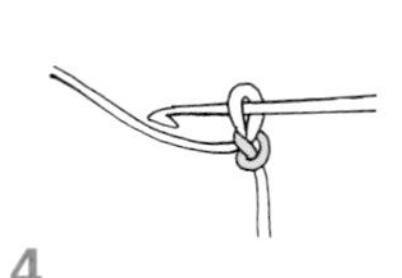

4 拉动线头收紧针脚，起始针就完成了（此针不计为1针）。

起针

从中心向外环形钩织时
（用线头制作线环）

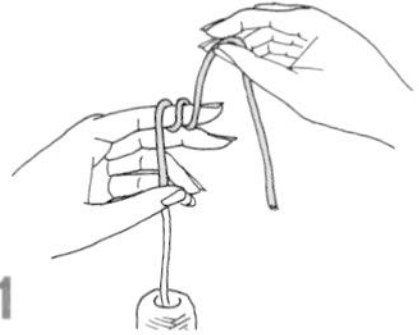

1 在左手食指上绕2圈线，制作线环。

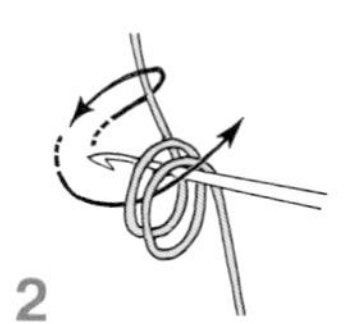

2 从手指上取下线环重新捏住，在线环中插入钩针，如箭头所示挂线后向前拉出。

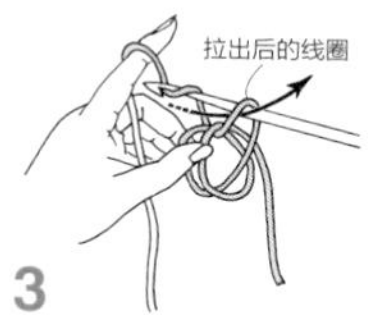

拉出后的线圈

3 针头再次挂线拉出，钩织立起的锁针。

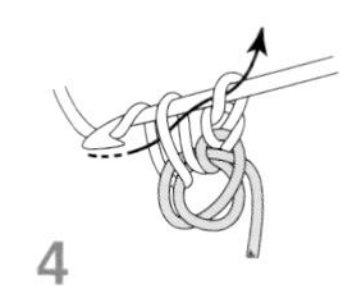

4 第1圈在线环中插入钩针，钩织所需针数的短针。

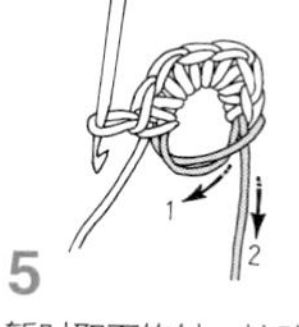

5 暂时取下钩针，拉动最初制作线环的线（1）和线头（2），收紧线环。

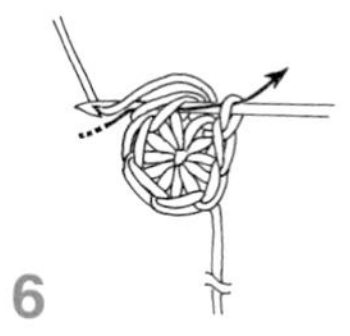

6 第1圈结束时，在第1针短针的头部插入钩针，挂线引拔。

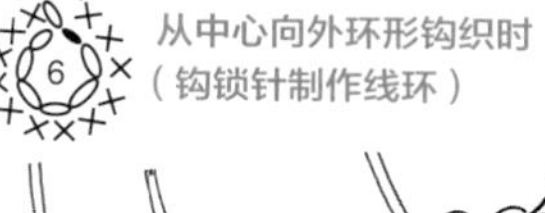

从中心向外环形钩织时
（钩锁针制作线环）

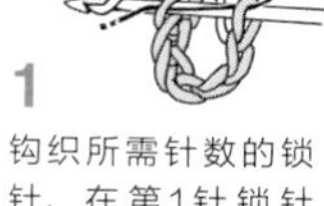

1 钩织所需针数的锁针，在第1针锁针的半针里插入钩针引拔。

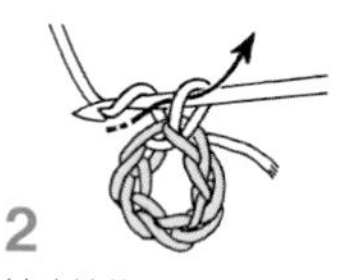

2 针头挂线后拉出，此针就是立起的锁针。

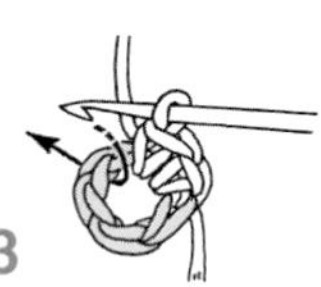

3 第1圈在线环中插入钩针，成束挑起锁针钩织所需针数的短针。

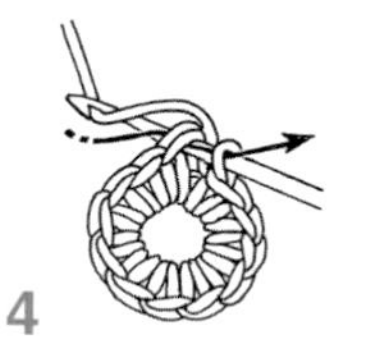

4 第1圈结束时，在第1针短针的头部插入钩针，挂线引拔。

往返钩织时

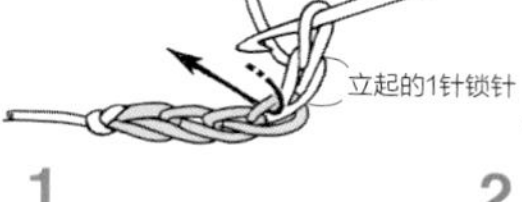

立起的1针锁针

1 钩织所需针数的锁针和立起的锁针。在边上第2针锁针里插入钩针，挂线后拉出。

2 针头挂线，如箭头所示将线拉出。

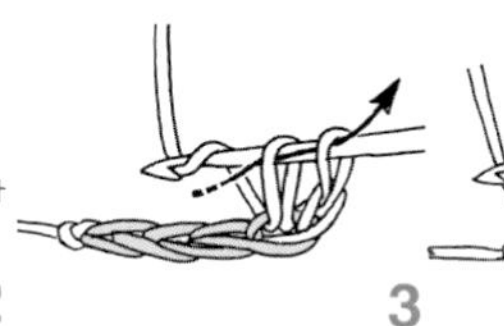

3 第1行完成后的状态（立起的1针锁针不计为1针）。

锁针的识别方法

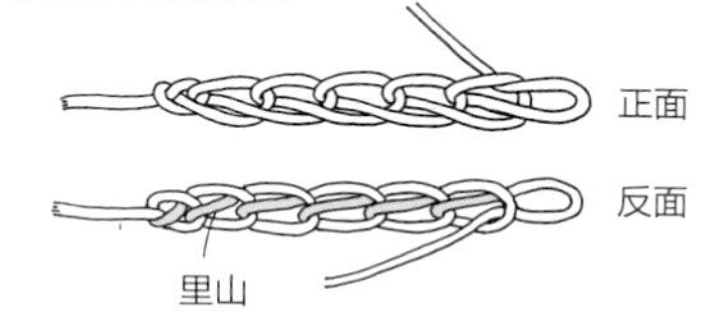

正面
反面
里山

锁针有正、反面之分。反面中间突出的1根线叫作锁针的“里山”。

在前一行挑针的方法

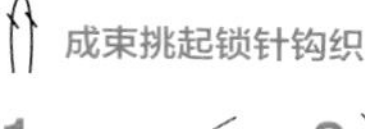

在1个针脚里钩织

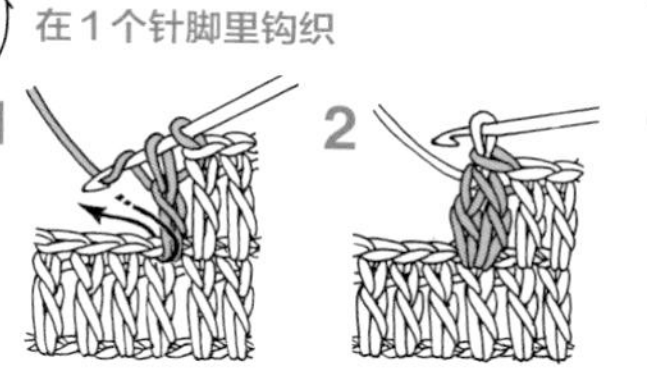

成束挑起锁针钩织

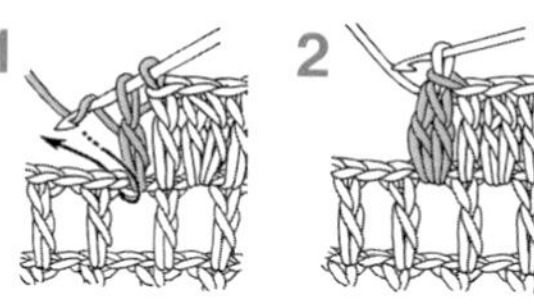

同样是枣形针，符号不同，挑针的方法也不同。符号下方是闭合状态时，在前一行的1个针脚里钩织；符号下方是打开状态时，成束挑起前一行的锁针钩织。

针法符号

锁针

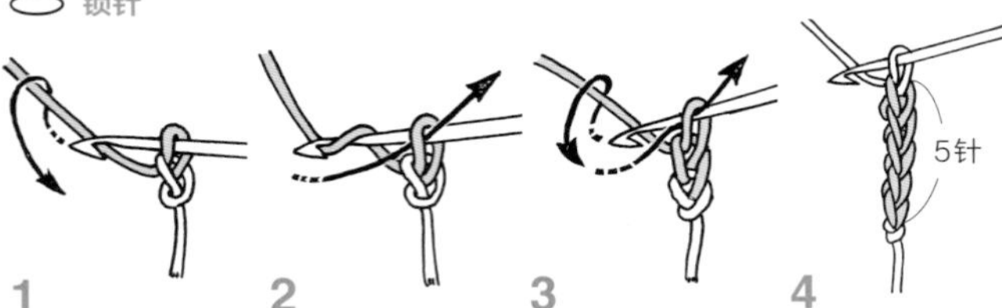
5针

1 钩起始针，接着在针头挂线。

2 将挂线拉出，1针锁针就完成了。

3 按相同要领，重复步骤1和2的“挂线，拉出”，继续钩织。

4 5针锁针完成。

引拔针

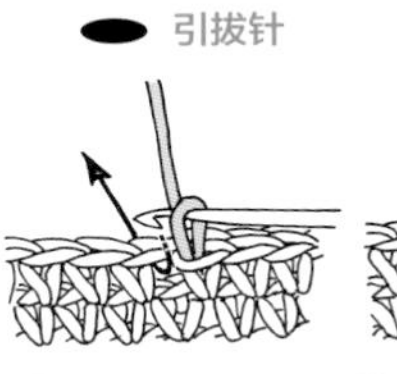

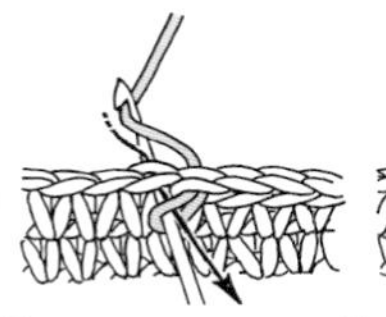

1 在前一行的针脚中插入钩针。

2 在针头挂线。

3 将线一次性拉出。

4 1针引拔针完成。

短针

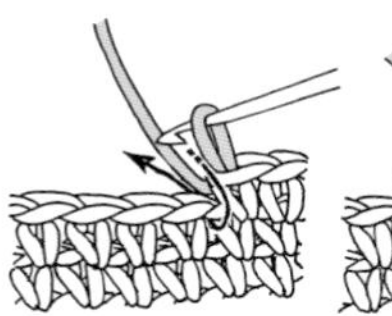
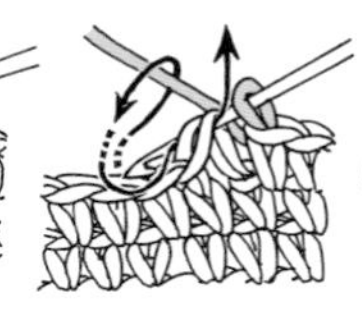
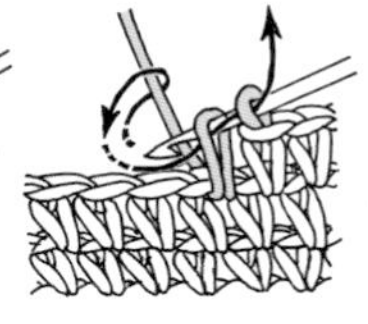
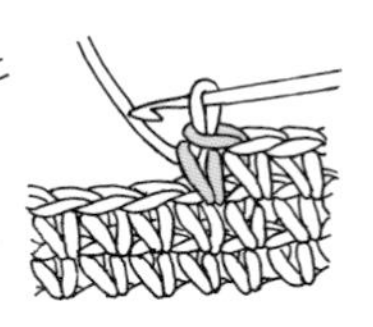

1 在前一行的针脚中插入钩针。

2 针头挂线后向前拉出（拉出后的状态叫作“未完成的短针”）。

3 针头再次挂线，一次性引拔穿过2个线圈。

4 1针短针完成。

中长针

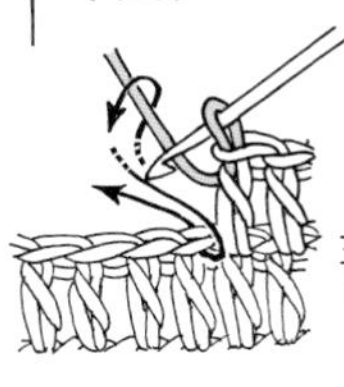
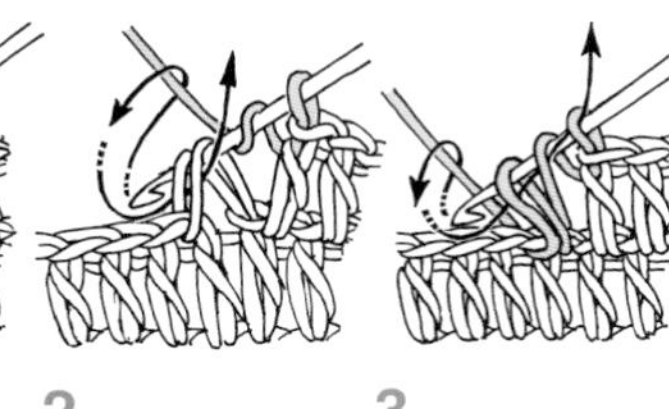
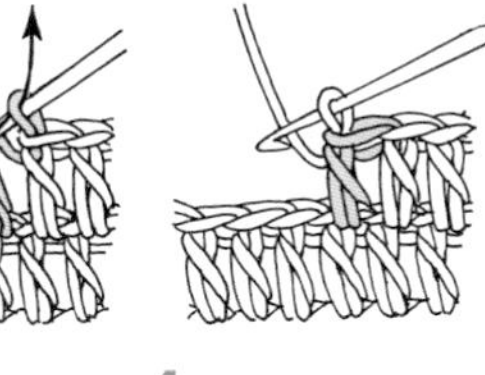

1 针头挂线，在前一行的针脚中插入钩针。

2 针头再次挂线，向前拉出（拉出后的状态叫作“未完成的中长针”）。

3 针头再次挂线，一次性引拔穿过3个线圈。

4 1针中长针完成。

长针

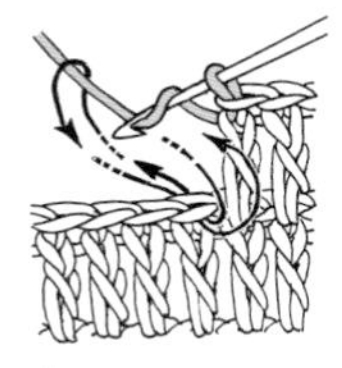
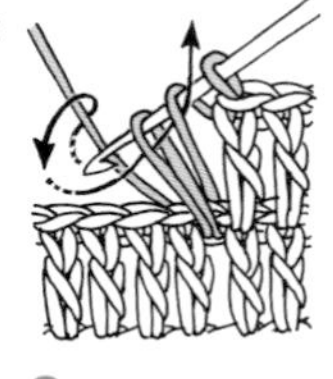
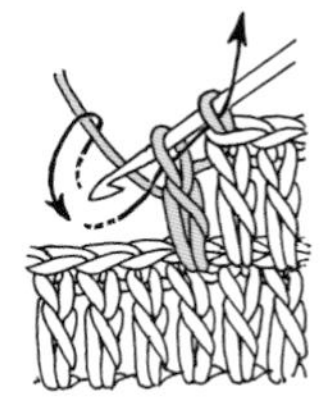
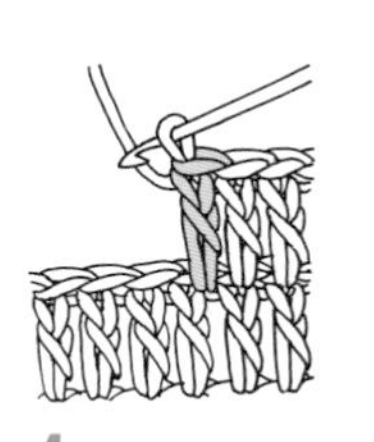

1 针头挂线，在前一行的针脚中插入钩针。再次挂线后向前拉出。

2 如箭头所示，针头挂线后引拔穿过2个线圈（拉出后的状态叫作“未完成的长针”）。

3 针头再次挂线，引拔穿过剩下的2个线圈。

4 1针长针完成。

长长针　3卷长针

※（ ）内是3卷长针时的次数。

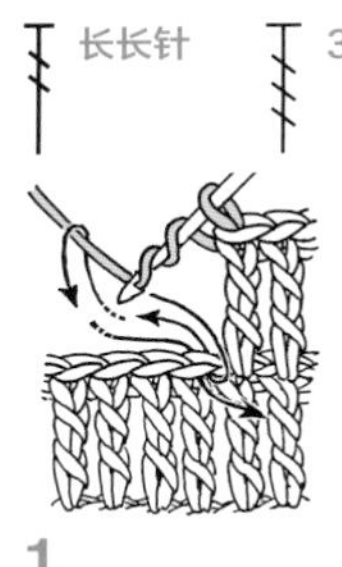
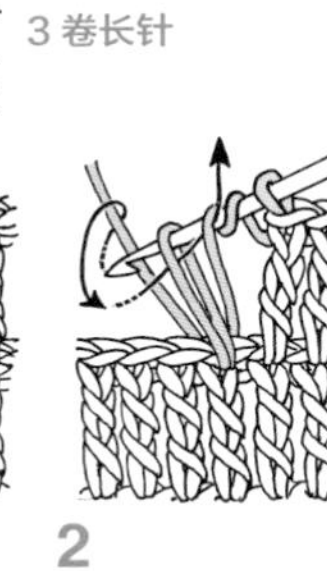
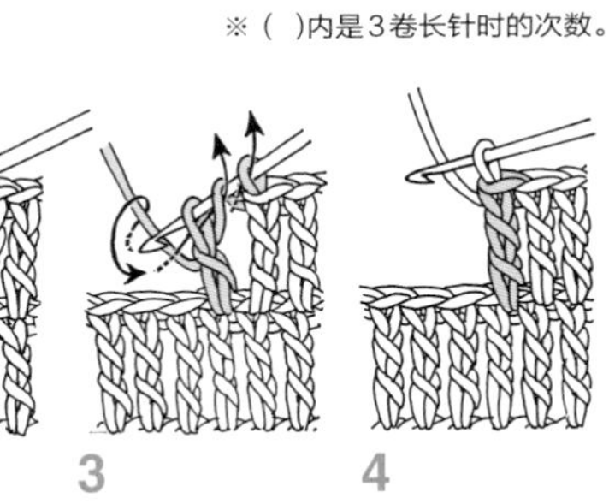

1 在针头绕2圈（3圈）线，在前一行的针脚中插入钩针，再次挂线后向前拉出。

2 如箭头所示，针头挂线后引拔穿过2个线圈。

3 重复2次（3次）相同操作。

4 1针长长针完成。

短针1针放2针　短针1针放3针

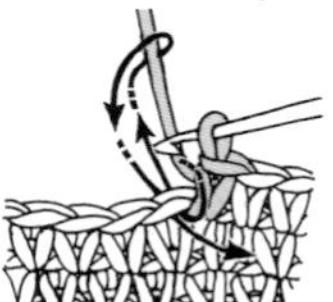
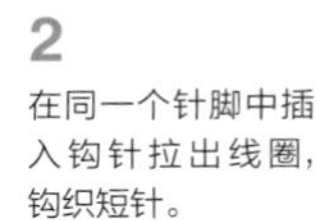
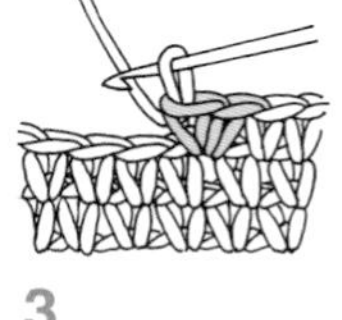
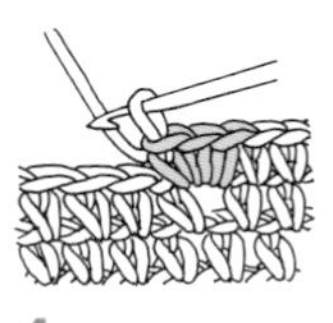

1 钩1针短针。

2 在同一个针脚中插入钩针拉出线圈，钩织短针。

3 在1针里钩入2针短针后的状态。短针1针放2针完成。

4 如果在同一个针脚中再钩1针短针，短针1针放3针完成。

短针2针并1针　短针3针并1针　※（ ）内是3针并1针时的数字。

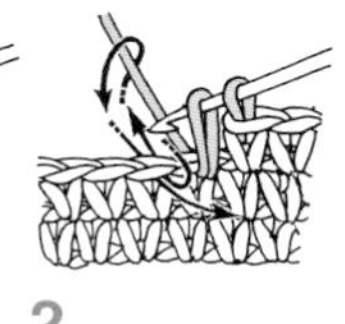
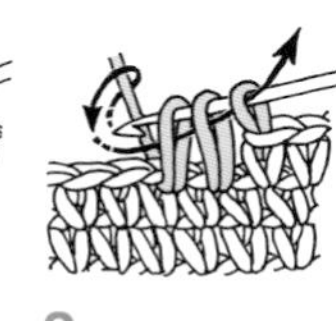
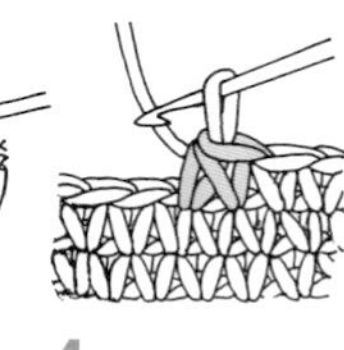

1 如箭头所示在前一行的针脚中插入钩针，拉出线圈。

2 按相同要领从下一个针脚中拉出线圈。3针并1针时，再从下一个针脚中拉出线圈。

3 针头挂线，如箭头所示一次性引拔穿过3(4)个线圈。

4 短针2(3)针并1针完成。比前一行少了1(2)针。

长针1针放2针

※2针以上或者长针以外的情况，也按相同要领在前一行的1个针脚中钩织指定针数的指定针法。

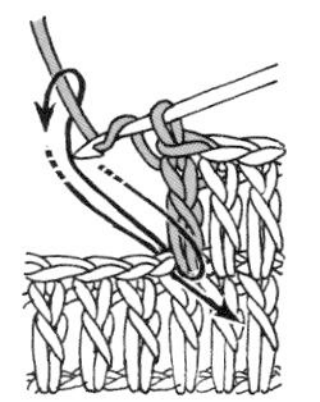
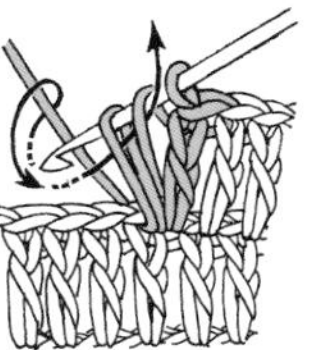
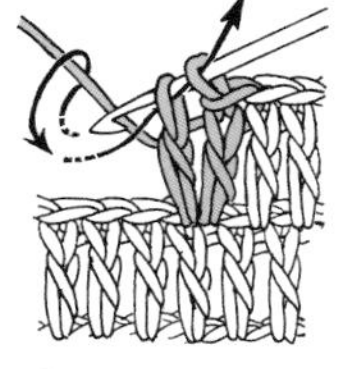
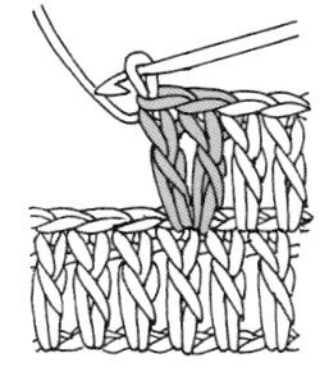

1 钩1针长针。接着针头挂线，在同一个针脚中插入钩针，挂线后拉出。

2 针头挂线，引拔穿过2个线圈。

3 针头再次挂线，引拔穿过剩下的2个线圈。

4 在1针里钩入2针长针后的状态。比前一行多了1针。

长针2针并1针

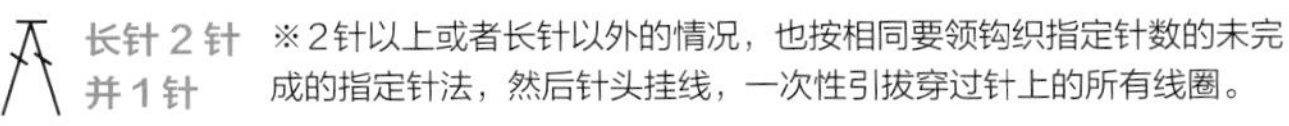

※2针以上或者长针以外的情况，也按相同要领钩织指定针数的未完成的指定针法，然后针头挂线，一次性引拔穿过针上的所有线圈。

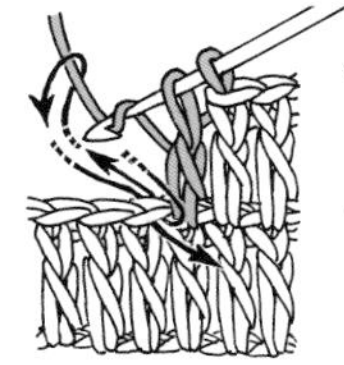
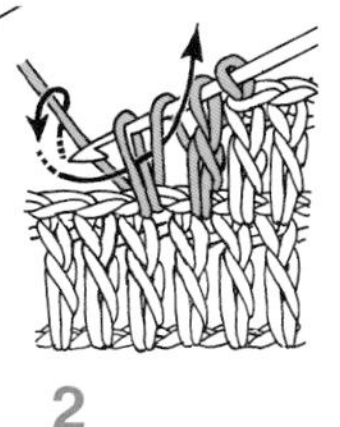
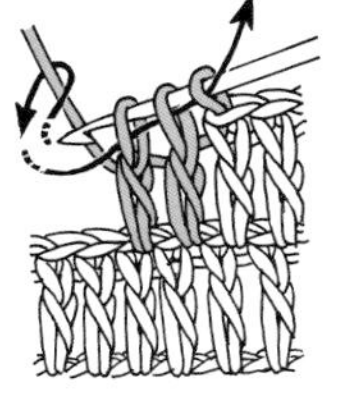
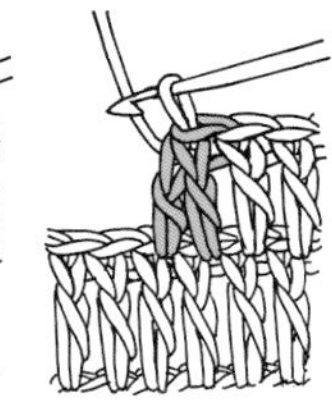

1 在前一行的1个针脚中钩1针未完成的长针（参照p.62）。接着针头挂线，如箭头所示在下一个针脚中插入钩针，挂线后拉出。

2 针头挂线，引拔穿过2个线圈，钩第2针未完成的长针。

3 针头挂线，如箭头所示一次性引拔穿过3个线圈。

4 长针2针并1针完成。比前一行少了1针。

短针的条纹针

※短针以外的条纹针也按相同要领，在前一圈的外侧半针里挑针钩织指定针法。

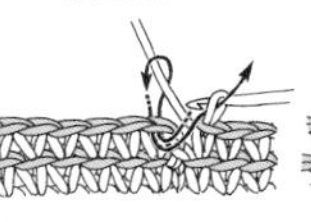
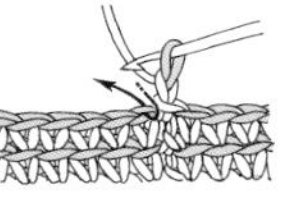
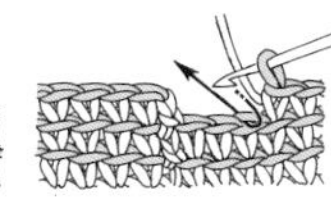
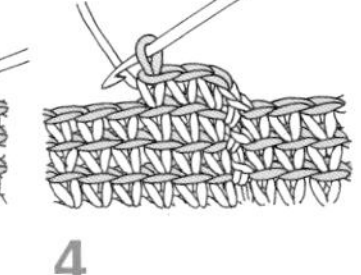

1 每圈看着正面钩织。钩织1圈短针后，在第1针里引拔。

2 钩1针立起的锁针，接着在前一圈的外侧半针里挑针钩织短针。

3 按步骤**2**相同要领继续钩织短针。

4 前一圈的内侧半针呈现条纹状。图中为钩织第3圈短针的条纹针的状态。

短针的棱针

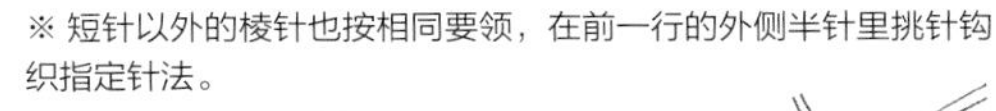

※短针以外的棱针也按相同要领，在前一行的外侧半针里挑针钩织指定针法。

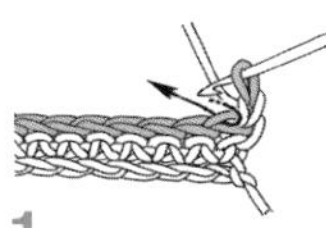
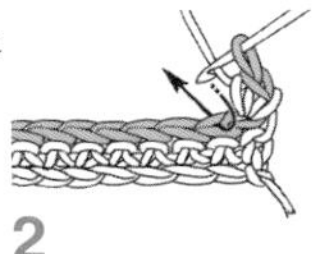
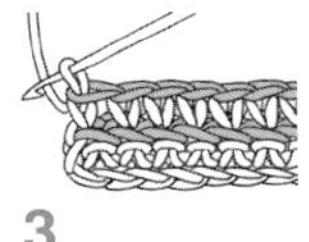
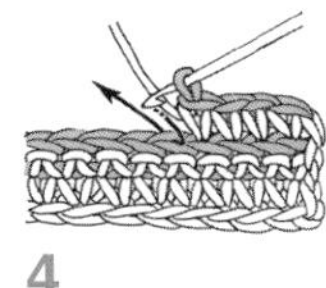

1 如箭头所示，在前一行的外侧半针里插入钩针。

2 钩织短针。下一针也按相同要领在外侧半针里插入钩针。

3 钩织至行末，翻转织物。

4 按步骤**1**、**2**相同要领，在外侧半针里插入钩针钩织短针。

3针锁针的狗牙针

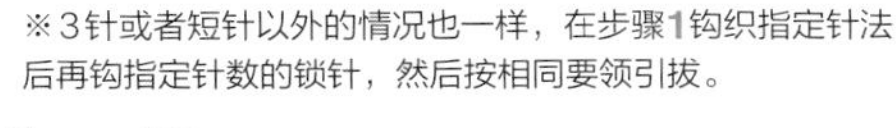

※3针或者短针以外的情况也一样，在步骤**1**钩织指定针法后再钩指定针数的锁针，然后按相同要领引拔。

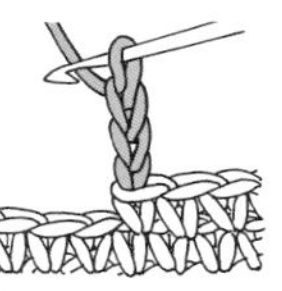
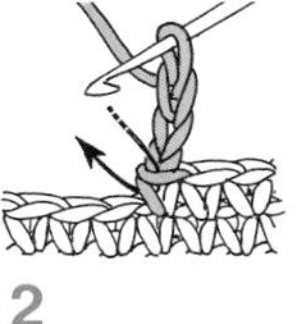
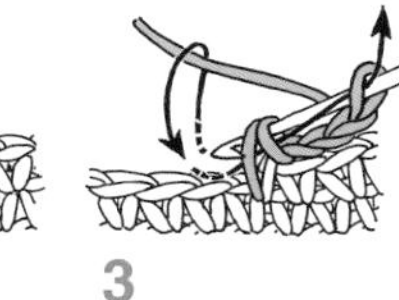
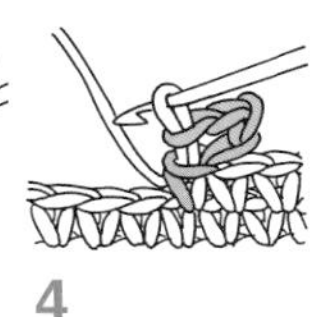

1 钩3针锁针。

2 在短针头部的半针和根部的1根线里插入钩针。

3 针头挂线，如箭头所示一次性引拔。

4 3针锁针的狗牙针完成。

外钩短针

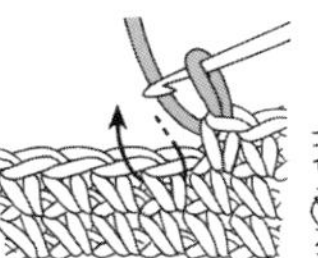
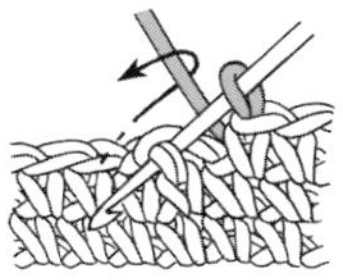
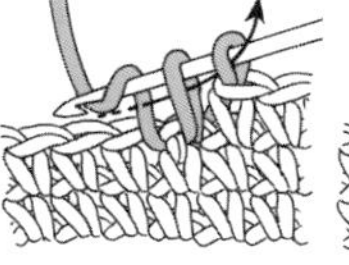
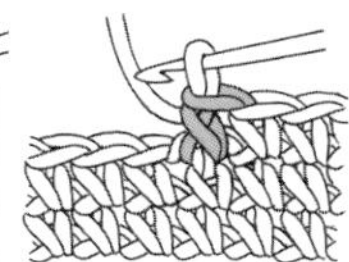

1 如箭头所示，从正面将钩针插入前一行短针的根部。

2 针头挂线后拉出，将线圈拉得比短针稍微长一点。

3 针头再次挂线，一次性引拔穿过2个线圈。

4 1针外钩短针完成。

3针长针的枣形针

※3针或者长针以外的情况，也按相同要领在前一行的1个针脚里钩织指定针数的未完成的指定针法，再如步骤**3**所示，一次性引拔穿过针上的所有线圈。

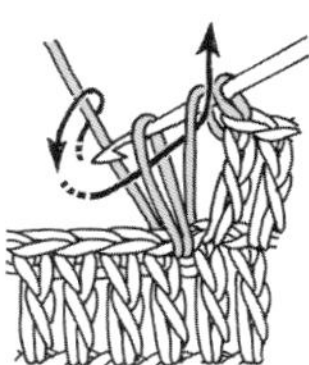
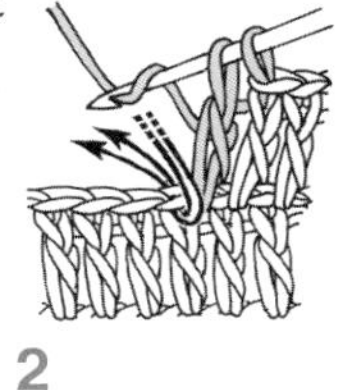
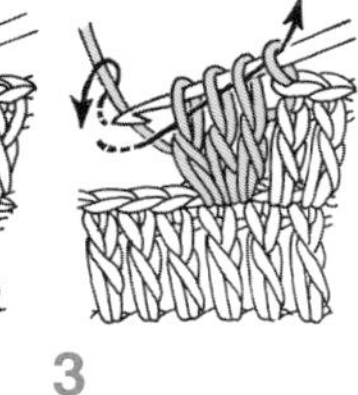
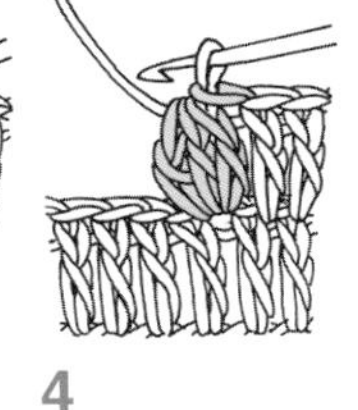

1 在前一行的针脚中钩1针未完成的长针。

2 在同一个针脚中插入钩针，接着钩2针未完成的长针。

3 针头挂线，一次性引拔穿过针上的4个线圈。

4 3针长针的枣形针完成。

卷针缝

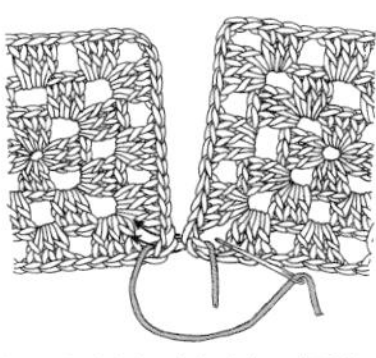

1 将织片正面朝上对齐，在针脚头部的2根线里挑针拉线。在缝合起点和终点的针脚里各挑2次针。

2 逐针交替挑针缝合。

3 缝合至末端的状态。

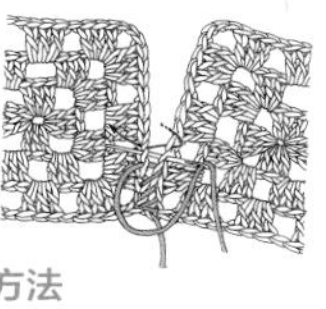

挑取半针做卷针缝合的方法

将织片正面朝上对齐，在外侧半针（针脚头部的1根线）里挑针拉线。在缝合起点和终点的针脚里各挑2次针。

刺绣基础针法

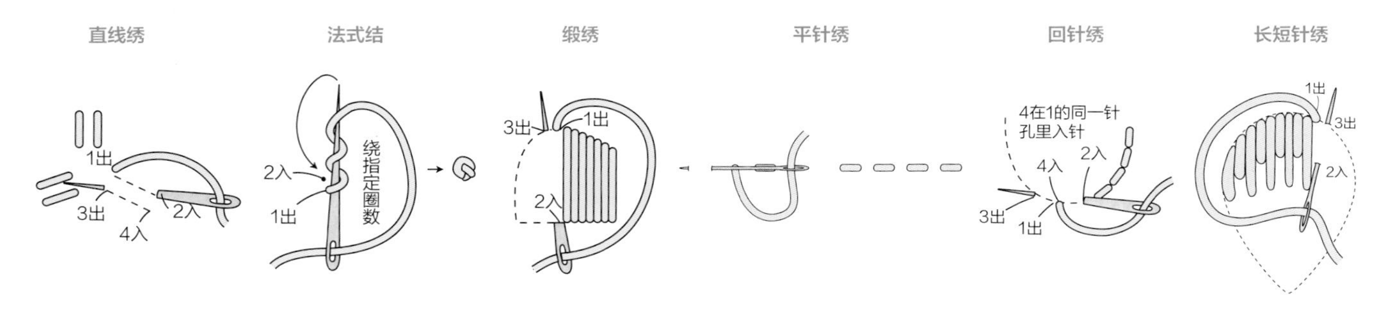
直线绣
法式结
缎绣
平针绣
回针绣
长短针绣
1出
2入
3出
4入
绕指定圈数
4在1的同一针孔里入针

日文原版图书工作人员

图书设计	mill inc.（原辉美　大野郁美）
摄影	原田拳（作品）　本间伸彦（步骤详解）
造型	绘内友美
作品设计	冈本启子　大町真纪　镰田惠美子　河合真弓 tangent　松本薰
钩织方法解说、制图	加藤千绘　村木美佐子　森美智子　矢野康子
步骤协助	河合真弓
钩织方法校对	西村容子
策划、编辑	E&G CREATES（薮明子　浅冈纱绪里）

原文书名：かぎ針編み　刺しゅう糸で編む昆虫図鑑
原作者名：E&G CREATED

图书在版编目（CIP）数据

钩针编织昆虫世界 / 日本E&G创意编著；蒋幼幼译. -- 北京：中国纺织出版社有限公司，2023.10
（尚锦手工刺绣线钩编系列）
ISBN 978-7-5229-0878-6

Ⅰ.①钩…　Ⅱ.①日…　②蒋…　Ⅲ.①钩针－编织－图解　Ⅳ.①TS935.521-64

中国国家版本馆CIP数据核字（2023）第159848号

责任编辑：刘　茸　　特约编辑：张　瑶
责任校对：王蕙莹　　责任印制：王艳丽

中国纺织出版社有限公司出版发行
地址：北京市朝阳区百子湾东里 A407 号楼　邮政编码：100124
销售电话：010—67004422　传真：010—87155801
http://www.c-textilep.com
中国纺织出版社天猫旗舰店
官方微博 http://weibo.com/2119887771
北京华联印刷有限公司印刷　各地新华书店经销
2023 年 10 月第 1 版第 1 次印刷
开本：787 × 1092　1/16　印张：4
字数：175 千字　定价：59.80 元

凡购本书，如有缺页、倒页、脱页，由本社图书营销中心调换